数学への招待

未解決問題から楽しむ数学

3x＋1問題，
完全数などを例に

今野紀雄・成松明廣＝共著

$$\lim_{s \to \infty} \zeta$$

$$\zeta(2) = \sum_{n=1}^{\infty} \frac{1}{n^2} = \frac{\pi^2}{6}$$

$$\int_0^1 p_n(x)h_n(x)\,dx$$

$$\sum_{n=1}^{\infty} \frac{1}{n^2} \geq \sum_{n=1}^{\infty} \frac{1}{4^{n-1}} = \sum_{n=0}^{\infty} \frac{1}{4^n} = \frac{4}{3}.$$

120

672

33550336

459818240

23569920

2178540

32760 30240

6

5

31998395520

14182439040

技術評論

はじめに

　本書は，2011年4月から横浜国立大学理工学部数理科学EP（教育プログラム）の1年生必修科目である「数理科学基礎演習 I, II」で行われた内容をもとにしている。年によって異なるが，毎年6名前後の新入生が私の担当となり，週1回数学にまつわる未解決問題の幾つかを紹介したのが始まりである。受験勉強では「決まった限られた範囲からの，（当然であるが）答えのある問題を解く作業」に集中したわけであるが，大学に入ったとたんに，ある種のカルチャーショックを与えるべく，「どこの範囲の問題か特定できないという意味で，範囲が限られてなく」，また，「答えがあるか保証されてない」，そのような未解決問題を題材にした。もちろん，未解決問題がひょっとしたら，その時に，あるいは，将来的に解けるのではないかという，遠大な（結果的には，はかないものとなってしまうかもしれないが）「夢」を与える意図もある。ただ，問題自体を理解するのに数年かかってしまうようでは，時間が足りないので，問題そのものを理解するのはすぐに出来るような問題を選んだ。私の知りうる身近なところから選んだものなので，当然これ以外の興味深い未解決問題は多数ある。

　最初は，今まで書いた本の中から，あるいは，研究している内容の中で使えそうな題材を，そのときどきに，思いつくまま

に話をしていたが，だんだん題材も絞り込まれてきた。そのようなプロセスを経て練り上げられ生まれたのが本書である。随所に，1年生とのやり取りが反映されている。また，そのTA（ティーチング・アシスタント）を3年ほど行った成松明廣君（理工学府数学教育分野博士課程後期2年在学中）に共著者として，学生の目線で，多数問題をつけるなど本書をブラッシュアップする補助をしてもらった。大変読みやすくなったと思う。尚，少し難しい内容に関しては「発展編」とした。

　最後になったが，同僚の竹居正登さんには，上記の演習の後，雑談も交えつつ本書の内容が豊かになるようなアイデアを教えて下さった。また，技術評論社書籍編集部の成田恭実さんには，出版までなかなかこぎつけない中で，色々とお世話になった。お二人には深く感謝したい。

横浜本牧にて

2020年　著者を代表して　今野紀雄

CONTENTS

第 4 章 **錯確率事象** 165

第 5 章 **四元数多項式の解の公式** 199

本書で使用される記号を，以下に記しておく．

$\mathbb{Z} = \{0, \pm 1, \pm 2, \pm 3, \ldots\}$：整数全体の集合

$\mathbb{Z}_{>} = \{1, 2, 3, \ldots\}$：正の整数全体の集合

$\mathbb{Z}_{\geq} = \{0, 1, 2, \ldots\}$：非負の整数全体の集合

$\mathbb{Z}_{<} = \{-1, -2, -3, \ldots\}$：負の整数全体の集合

$\mathbb{Z}_{\leq} = \{0, -1, -2, \ldots\}$：0 以下の整数全体の集合

$\mathbb{Z}_{o, \geq 3} = \{3, 5, 7, 9, \ldots\}$：3 以上の奇数全体の集合

$\mathbb{R}$：実数全体の集合

$\mathbb{R}_{>} = (0, \infty)$：正の実数全体の集合

$\mathbb{R}_{\geq} = [0, \infty)$：非負の実数全体の集合

$\mathbb{C}$：複素数全体の集合

$\mathbb{H}$：四元数全体の集合

$\Re(x)$：$x \in \mathbb{H}$ の実部

$\Im(x)$：$x \in \mathbb{H}$ の虚部

$\displaystyle \binom{n}{k} = \frac{n!}{k!\,(n-k)!}$ $\quad (n \in \mathbb{Z}_{\geq},\ k = 0, 1, \ldots, n)$

第 1 章

$3x+1$ 問題

この本の最初の未解決問題として，「$3x+1$ 問題」(The $3x+1$ problem)を紹介しよう。

1.1 | $3x+1$ 問題とは

まず，数列 $\{a_1, a_2, a_3, \ldots\}$ を

$$a_{n+1} = \begin{cases} 3a_n + 1 & (a_n \text{は奇数}), \\ \dfrac{a_n}{2} & (a_n \text{は偶数}), \end{cases} \tag{1.1}$$

で定義する。つまり，a_n が「奇数」なら，3 倍して 1 を足す。一方，a_n が「偶数」なら，2 で割る。このとき，下記が本章で取りあげる「$3x+1$ 問題」である。

$3x+1$ 問題 どんな初期値 $a_1 = m \in \mathbb{Z}_>$ に対しても，その初期値 m に依存したある $N = N(m) \in \mathbb{Z}_>$ が存在して，$a_N = 1$ になるだろうか。ただし，$\mathbb{Z}_> = \{1, 2, 3, \ldots\}$ は，正の整数全体の集合である。

さて，この問題に関連する話題は次節以降で紹介するが，「$3x+1$ 問題」という名前は，文字通り，$a_n = x$ が奇数の場合に，「3 倍して 1 を足す」操作を行う，即ち，$3x+1$ とすることからとられている。この問題は，歴史的には，コラッツ (Lothar Collatz (1910–1990))が 1930 年代に見つけたと言われ

る。従って，発見者に由来して「コラッツの問題」，あるいは，「コラッツ問題」と呼ばれることも多い。さらには，「角谷の問題」，「Syracuse 予想」，「Ulam の問題」，「Hasse の手続き」，「$3n+1$ 問題」など，種々の経緯より色々な呼び名がある[1]。

コンピュータを用いて，初期値 $a_1=m \in \mathbb{Z}_>$ に対してかなり多くの数まで，$a_N=1$ となる N が見つけられている。よって，「そのような N がどのような初期値でも存在する」ことが予想されているので，本書では下記の予想を「$3x+1$ 予想」と呼ぶ。

$\boxed{3x+1 \text{ 予想}}$ どんな初期値 $a_1=m \in \mathbb{Z}_>$ に対しても，その初期値 m に依存したある $N=N(m) \in \mathbb{Z}_>$ が存在して，$a_N=1$ になる。

また，式 (1.1) の a_n から a_{n+1} を導く操作を，発見者の名前をつけて，本書では「コラッツの操作」と呼ぼう。

1.2 ウォーミングアップ

例えば，$a_1=m=1$ とすると，

$$a_2=3 \times 1+1=4, \quad a_3=\frac{4}{2}=2, \quad a_4=\frac{2}{2}=1$$

---

*1 この「$3x+1$ 問題」を題材とした小説『永遠についての証明』岩井圭也，KADOKAWA（2018）もある。また，「$3x+1$ 問題」とその周辺の話題は，例えば，少し専門的であるが，Lagarias（2010）[36] を参照のこと。

なので，$N=N(1)=1$ となる。そして，その先もコラッツの操作を施すと，$1 \to 4 \to 2 \to 1 \to 4 \to 2 \to 1 \ldots$ と繰り返される。

少し，小さな a_1 で遊んでみよう。$a_1=m=2$ の場合は，

$$a_1=2, \quad a_2=\frac{2}{2}=1$$

なので，$2 \to 1$ となり，$N=N(2)=2$ である。

次に，$a_1=m=3$ の場合は少し長く，

$$a_1=3, \quad a_2=3 \times 3+1=10, \quad a_3=\frac{10}{2}=5, \quad a_4=3 \times 5+1=16,$$

$$a_5=\frac{16}{2}=8, \quad a_6=\frac{8}{2}=4, \quad a_7=\frac{4}{2}=2, \quad a_8=\frac{2}{2}=1$$

なので，$3 \to 10 \to 5 \to 16 \to 8 \to 4 \to 2 \to 1$ となり，$N=N(3)=8$ であり，やはり有限ステップで 1 になる。

さらに，$a_1=m=4$ の場合は，上記の数列に含まれ，

$$a_1=4, \quad a_2=\frac{4}{2}=1, \quad a_3=\frac{2}{2}=1$$

で，$4 \to 2 \to 1$ となり，$N=N(4)=3$ が導かれる。

$a_1=m=5$ の場合も，$a_1=m=3$ のときの数列の途中で現れ，$5 \to 16 \to 8 \to 4 \to 2 \to 1$ なので，$N=N(5)=6$ であることがわかる。

問題1.2.1 $N(7), N(8), N(21), N(24)$ を求めよ。

解答1.2.1 $N(7) = 17, N(8) = 4, N(21) = 8, N(24) = 11.$

一般に，$a_1 = m = 2^k$ $(k = 1, 2, \ldots)$ の場合は，2 で割るだけなので，

$$2^k \to 2^{k-1} \to 2^{k-2} \to \cdots \to 2^2 \to 2^1 \to 2^0 = 1$$

となり，$N = N(2^k) = k + 1$ が導かれる。従って，まず最初に以下の自明な結果が得られる。

命題1.2.1 初期値 $a_1 = m = 2^k$ $(k = 1, 2, \ldots)$ のとき，$N = N(2^k) = k + 1$ となり，予想は正しい。

繰り返しになるが，実際，定義により各ステップごとに半分になるので，

$$a_k = 2^k, \quad a_2 = \frac{2^k}{2} = 2^{k-1}, \quad a_3 = \frac{2^{k-1}}{2} = 2^{k-2}, \ldots,$$

$$a_j = \frac{2^{k-(j-2)}}{2} = 2^{k-(j-1)}, \ldots,$$

$$a_3 = \frac{2^{k-(k-2)}}{2} = \frac{4}{2} = 2, \quad a_{k+1} = \frac{2^{k-(k-1)}}{2} = \frac{2}{2} = 1$$

となり，$N = N(2^k) = k + 1$ が確かめられる。

問題1.2.2 $a_1 = m = (2^8 - 1)/3$ のときに，$N(m)$ を求めよ。

解答1.2.2 $N(m) = 10.$

以下，一般に上記の問題のような，$a_1 = m = (2^{2k} - 1)/3$ ($k = 1, 2, \ldots$) の場合を考えてみよう。このときは，

$$a_1 = m = \frac{2^{2k} - 1}{3} = \frac{4^k - 1}{4 - 1} = 1 + 4^1 + 4^2 + \cdots + 4^{k-1}$$

に注意すると，$a_1 = m$ は奇数であることがわかる。例えば，$k = 2, 3, 4$ のときは，それぞれ，$a_1 = m = 5, 21, 85$ となる。従って，$a_1 = m$ にコラッツの操作を施すと，$a_1 = m$ の定義より，

$$a_2 = 3m + 1 = 2^{2k}$$

となるので，命題1.2.1 より，以下が成立する。

(命題1.2.2)　$a_1 = m = (2^{2k} - 1)/3$ ($k = 1, 2, \ldots$) のとき，$N = N(m) = 2k + 2$ となり，予想は正しい。

例えば，$k = 2$ のときは，$a_1 = m = 5$ なので，$N(5) = 6$ であったが，上の命題より，$N(5) = 2 \times 2 + 2 = 6$ が導かれ，一致する。

一方，2のベキ指数が $2k$ でなく $2k + 1$ の場合はどうであろうか。即ち，$a_1 = m = (2^{2k+1} - 1)/3$ ($k = 1, 2, \ldots$) の場合を考えてみよう。このときは，

$$a_1 = m = \frac{2^{2k+1} - 1}{3} = \frac{2 \times 4^k - 1}{4 - 1} = \frac{4^k}{3} + 1 + 4^1 + 4^2 + \cdots + 4^{k-1}$$

なので，$a_1 = m$ は整数にならず，初期値は正の整数だったので，a_1 に選べない。

1.3 | 増大する数列

さて，$a_1 = m$ として，はじめて $a_n = 1$ となる有限の n が存在するとき，この数列 $\{a_1 = m, a_2, \ldots, a_n = 1\}$ を数列 $(m, 3x+1, x/2)$ と表す。例えば，$a_1 = m = 3$ の場合，数列 $(3, 3x+1, x/2)$ は，$\{3, 10, 5, 16, 8, 4, 2, 1\}$ であり，$a_1 = m = 4$ の場合，数列 $(4, 3x+1, x/2)$ は，$\{4, 2, 1\}$ である。

さらに，コラッツの操作を，「3倍して1を足す」を「$\overset{\alpha}{\to}$」とし，「2で割る」を「$\overset{\beta}{\to}$」と表そう。よって，$a_1 = m = 3$ のときは，

$$3 \overset{\alpha}{\to} 10 \overset{\beta}{\to} 5 \overset{\alpha}{\to} 16 \overset{\beta}{\to} 8 \overset{\beta}{\to} 4 \overset{\beta}{\to} 2 \overset{\beta}{\to} 1$$

となる。

また，数列 $(m, 3x+1, x/2)$ $\{a_1 = m, a_2, \ldots, a_n = 1\}$ の部分列で，初期値 $a_1 = m$ 以外が奇数だけの数列を $\{b_1 (= a_1) = m, b_2, \ldots, b_{k-1}, b_k = 1\}$ とおき，$(m, 3x+1, x/2)_o$ と表す。下添え字の「o」は，奇数「odd」の頭文字の「o」である。例えば，$b_1 (= a_1) = m = 3$ の場合，数列 $(3, 3x+1, x/2)_o$ は $\{3, 5, 1\}$ であり，$b_1 (= a_1) = m = 4$ の場合，数列 $(4, 3x+1, x/2)_o$ は $\{4, 1\}$ である。$a_1 = m$ が小さい値の場合の数列を，それぞれ，54～56ページ表1.23，表1.24に載せた。

前節でだいぶ慣れてきたと思われるので，次のような疑問が

わかれたのではないか。つまり，奇数のとき，「3倍して1を足す」ので，その操作がずっと続けば，数列は増大し続け「1」にはならず，予想はくつがえされるのではないか。

ところが，「3倍して1を足す」操作は，実は2回続かないことがすぐにわかる。何故なら，奇数なので，その数を「$2k+1$」とおくと，その数に「3倍して1を足す」操作を施すと，

$$2k+1 \xrightarrow{\alpha} 3(2k+1)+1 = 6k+4 = 2(3k+2)$$

となり，偶数になってしまう。つまり，

$$2k+1 \xrightarrow{\alpha} 3(2k+1)+1 = 6k+4 = 2(3k+2) \xrightarrow{\beta} 3k+2$$

となる。従って，奇数のあとは，必ず，「$\xrightarrow{\alpha}$と$\xrightarrow{\beta}$」の2つの操作「$\alpha \to \beta$」が続くことがわかる。しかし，それでも，$2k+1$が$3k+2$になるので，粗く言えば，$3/2 = 1.5$倍に増大している。そして，$3k+2$は，kが奇数なら，再び奇数になるので，2つの操作「$\alpha \to \beta$」を続けることができる。つまり，このようにして，増大する数列を作ることができる。

では，もう少し具体的に考える。そのために，以下の$a_1 = m = 255$の場合をみてみよう。

$$255 \xrightarrow{\alpha} 766 \xrightarrow{\beta} 383 \xrightarrow{\alpha} 1150 \xrightarrow{\beta} 575 \xrightarrow{\alpha} 1726 \xrightarrow{\beta} 863 \xrightarrow{\alpha} 2590 \xrightarrow{\beta}$$
$$1295 \xrightarrow{\alpha} 3886 \xrightarrow{\beta} 1943 \xrightarrow{\alpha} 5830 \xrightarrow{\beta} 2915 \xrightarrow{\alpha} 8746 \xrightarrow{\beta} 4373$$

となり，さらに，見やすいように，2 つの操作「$\alpha \to \beta$」を「$\xrightarrow{\alpha,\beta}$」と表し，まとめてみると，

$$255 \xrightarrow{\alpha,\beta} 383 \xrightarrow{\alpha,\beta} 575 \xrightarrow{\alpha,\beta} 863 \xrightarrow{\alpha,\beta} 1295 \xrightarrow{\alpha,\beta} 1943 \xrightarrow{\alpha,\beta} 2915 \xrightarrow{\alpha,\beta} 4373$$

と順調に増大していくことが分かる。しかし，残念ながら，このあと落とし穴があり，数が減り続ける。実際に，上記の最後の数「4373」から再びスタートしてみよう。

$$4373 \xrightarrow{\alpha} 13120 \xrightarrow{\beta} 6560 \xrightarrow{\beta} 3280 \xrightarrow{\beta} 1640 \xrightarrow{\beta} 820 \xrightarrow{\beta} 410 \xrightarrow{\beta} 205$$

と，一時期「4373」もあった値が，「β」の操作がなんと 6 回も続き，結局「205」という初期値の「255」以下の値になってしまう。まるで，最初の元金を調子よく約 1.5 倍ずつどんどん増やしていったのに，気がついたらあっという間に元金まで食い込んで減らしてしまったような感じである。

　さて，その後は，どうなるかというと，下記のように，なかなか踏ん張れずに，ちゃんと予想は成り立ち，「1」になってしまうのである。「232」の後も，「β」の操作が 5 回続きかなり値が小さくなっていることが分かる。「1」を大変厳しい資産状況と考えれば，ある意味「破産」である。

$$205 \xrightarrow{\alpha} 616 \xrightarrow{\beta} 308 \xrightarrow{\beta} 154 \xrightarrow{\beta} 77 \xrightarrow{\alpha} 232 \xrightarrow{\beta} 116 \xrightarrow{\beta} 58$$
$$\xrightarrow{\beta} 44 \xrightarrow{\beta} 22 \xrightarrow{\beta} 11 \xrightarrow{\alpha} 34 \xrightarrow{\alpha} 17 \xrightarrow{\alpha} 52 \xrightarrow{\beta} 26 \xrightarrow{\beta} 13 \xrightarrow{\alpha} 40$$

$$\xrightarrow{\beta} 20 \xrightarrow{\alpha} 10 \xrightarrow{\beta} 5 \xrightarrow{\alpha} 16 \xrightarrow{\beta} 8 \xrightarrow{\beta} 4 \xrightarrow{\beta} 2 \xrightarrow{\beta} 1.$$

では，以下でそのからくりを眺めてみよう。初期値を奇数として，それを $a_1 = 2n_1 + 1$ としよう。但し，$n_1 \in \mathbb{Z}_>$ である。

$$a_1 = 2n_1 + 1 \xrightarrow{\alpha} 3(2n_1 + 1) + 1 = 6n_1 + 4 = 2(3n_1 + 2)$$

となり，偶数になる。従って，

$$a_1 = 2n_1 + 1 \xrightarrow{\alpha} a_2 = 2(3n_1 + 2) \xrightarrow{\beta} a_3 = 3n_1 + 2.$$

次に，$a_3 = 3n_1 + 2$ を奇数にしたいので，$n_1 = 2n_2 + 1$ $(n_2 \in \mathbb{Z}_>)$ とする。よって，

$$\begin{aligned} a_3 &= 3n_1 + 2 = 3(2n_2 + 1) + 2 \\ &= 6n_2 + 5 \xrightarrow{\alpha} a_4 = 3(6n_2 + 5) + 1 = 18n_1 + 16 = 2(9n_2 + 8) \end{aligned}$$

なので，偶数になる。従って，

$$a_3 = 3^1 n_1 + 3^1 - 1 \xrightarrow{\alpha} a_4 = 2(9n_2 + 8) \xrightarrow{\beta} a_5 = 9n_2 + 8 = 3^2 n_2 + 3^2 - 1.$$

同様にして，$a_5 = 3^2 n_2 + 3^2 - 1$ を奇数にしたいので，$n_2 = 2n_3 + 1$ $(n_3 \in \mathbb{Z}_>)$ とする。よって，

$$\begin{aligned} a_5 &= 3^2 n_2 + 3^2 - 1 = 3^2(2n_3 + 1) + 3^2 - 1 = 2 \cdot 3^2 n_3 + 2 \cdot 3^2 - 1 \\ &\xrightarrow{\alpha} a_6 = 3(2 \cdot 3^2 n_3 + 2 \cdot 3^2 - 1) + 1 = 2(3^3 n_3 + 3^3 - 1) \end{aligned}$$

なので，偶数になる。従って，

$$a_5 = 3^2 n_2 + 3^2 - 1 \xrightarrow{\alpha} a_6 = 2\,(3^3 n_3 + 3^3 - 1) \xrightarrow{\beta} a_7 = 3^3 n_3 + 3^3 - 1.$$

まとめると，

$$a_5 = 3^2 n_2 + 3^2 - 1 \xrightarrow{\alpha,\beta} a_7 = 3^3 n_3 + 3^3 - 1.$$

同じようにして，$n_3 = 2n_4 + 1\ (n_4 \in \mathbb{Z}_>)$ とすると，

$$a_7 = 3^3 n_3 + 3^3 - 1 \xrightarrow{\alpha,\beta} a_9 = 3^4 n_4 + 3^4 - 1$$

が得られる。このような手続きを続けると，約 1.5 倍ずつ増えていく数列が作れる。

　ここで，$a_1 = 255 = 2^8 - 1$ の先の例を意識して，以上の議論を整理すると，

$$a_1 = 2n_1 + 1 \xrightarrow{\alpha,\beta} a_3 = 3^1 n_1 + 3^1 - 1 \xrightarrow{\alpha,\beta} a_5 = 3^2 n_2 + 3^2 - 1$$
$$\xrightarrow{\alpha,\beta} a_7 = 3^3 n_3 + 3^3 - 1 \xrightarrow{\alpha,\beta} a_9 = 3^4 n_4 + 3^4 - 1 \xrightarrow{\alpha,\beta} a_{11} = 3^5 n_5 + 3^5 - 1$$
$$\xrightarrow{\alpha,\beta} a_{13} = 3^6 n_6 + 3^6 - 1 \xrightarrow{\alpha,\beta} a_{15} = 3^7 n_7 + 3^7 - 1.$$

但し，

$$n_1 = 2n_2 + 1, \quad n_2 = 2n_3 + 1, \dots, n_6 = 2n_7 + 1\ (n_7 \in \mathbb{Z}_>). \tag{1.2}$$

ここで，$a_1 = 255 = 2^8 - 1$ になるように，$n_7 = 1$ をとる（実は逆で，このように取ることによって，$a_1 = 255 = 2^8 - 1$ の例を作っ

た）。すると，式 (1.2) により，順次，$n_6, n_5, \ldots, n_1$ が以下の
ように決まっていく。

$$n_7 = 1 = 2^1 - 1, n_6 = 3 = 2^2 - 1, n_5 = 7 = 2^3 - 1, n_4 = 15 = 2^4 - 1,$$

$$n_3 = 31 = 2^5 - 1, n_2 = 63 = 2^6 - 1, n_1 = 127 = 2^7 - 1.$$

以上より，

$$a_1 = 2n_1 + 1 = 2(2^7 - 1) + 1 = 2^8 - 1 = 255$$

となるし，

$$a_{15} = 3^7 n_7 + 3^7 - 1 = 2 \cdot 3^7 - 1 = 2 \cdot 2187 - 1 = 4373$$

も得られた。つまり，この方法で，$a_1 \to a_3 \to a_5 \to \cdots \to a_{15}$
まで，奇数列だけ見ると，7 ステップで，各ステップ約 1.5 倍
ずつ増えるものが作れた。実際，

$$255 \times \left(\frac{3}{2}\right)^7 = 4356.914\ldots$$

で，「4373」に近い値が得られる。

　それでは，以上の議論を一般化した k ステップの場合に，ま
とめてみよう。上記が，$k = 7$ の場合である。

　まず，$n_k = 1$ とする。そのことにより，$n_1 = 2^k - 1$ となる。
よって，初期値は

$$a_1 = 2n_1 + 1 = 2(2^k - 1) + 1 = 2^{k+1} - 1$$

が得られる。よって，その後，$\xrightarrow{\alpha, \beta}$ を k ステップ繰り返すと，

$$a_{2k+1} = 3^k n_k + 3^k - 1 = 2 \cdot 3^k - 1$$

が得られる。即ち,

$$a_1 = 2^{k+1} - 1 \xrightarrow{\alpha,\beta} a_3 = 2^k \cdot 3 - 1 \xrightarrow{\alpha,\beta} a_5 = 2^{k-1} \cdot 3^2 - 1 \xrightarrow{\alpha,\beta} a_7 = 2^{k-2}$$

$$\cdot 3^3 - 1 \xrightarrow{\alpha,\beta} \cdots \xrightarrow{\alpha,\beta} a_{2\ell+1} = 2^{k-(\ell-1)} \cdot 3^\ell - 1 \xrightarrow{\alpha,\beta} \cdots \xrightarrow{\alpha,\beta} a_{2k+1} =$$

$$2 \cdot 3^k - 1.$$

実際, $k=7$ の場合は,

$$a_1 = 2^{7+1} - 1 = 255 \xrightarrow{\alpha,\beta} a_3 = 2^7 \cdot 3 - 1 = 383 \xrightarrow{\alpha,\beta} a_5 = 2^{7-1} \cdot 3^2 - 1$$

$$= 575 \xrightarrow{\alpha,\beta} \cdots \xrightarrow{\alpha,\beta} a_{2\cdot7+1} = a_{15} = 2 \cdot 3^7 - 1 = 4373$$

となり, 一致する。

問題 1.3.1 $k=3$ のとき, 即ち, $a_1 = m = 2^{3+1} - 1 = 15$ の場合に, 上記のように, a_1 から $a_{2\cdot3+1} = a_7 = 2 \cdot 3^3 - 1 = 53$ までの数列 a_1, a_3, a_5, a_7 を求めよ。

解答 1.3.1

$$a_1 = 2^{3+1} - 1 = 15 \xrightarrow{\alpha,\beta} a_3 = 2^3 \cdot 3 - 1 = 23 \xrightarrow{\alpha,\beta} a_5 = 2^{3-1} \cdot 3^2 - 1 =$$

$$35 \xrightarrow{\alpha,\beta} a_7 = 2^{3-2} \cdot 3^3 - 1 = 53.$$

問題 1.3.2 $k=4$ のとき, 即ち, $a_1 = m = 2^{4+1} - 1 = 31$ の場合に, 上記のように, a_1 から $a_{2\cdot4+1} = a_9 = 2 \cdot 3^4 - 1 = 161$ までの数列 a_1, a_3, a_5, a_7, a_9 を求めよ。

解答 1.3.2

$$a_1 = 2^{4+1} - 1 = 31 \xrightarrow{\alpha,\beta} a_3 = 2^4 \cdot 3 - 1 = 47 \xrightarrow{\alpha,\beta} a_5 = 2^{4-1} \cdot 3^2 - 1 =$$

$$71 \xrightarrow{\alpha,\beta} a_7 = 2^{4-2} \cdot 3^3 - 1 = 107 \xrightarrow{\alpha,\beta} a_9 = 2^{4-3} \cdot 3^4 - 1 = 161.$$

さらに，次の漸近評価も得られる。

命題 1.3.1 $a_1 = m = 2^{k+1} - 1$ とする。このとき，以下が成り立つ。

$$\lim_{k \to \infty} \frac{a_{2k+1}}{\left(\frac{3}{2}\right)^k a_1} = 1.$$

何故ならば，

$$\left(\frac{3}{2}\right)^k a_1 = \left(\frac{3}{2}\right)^k \times (2^{k+1} - 1) = 2 \cdot 3^k - \left(\frac{3}{2}\right)^k$$

なので，

$$\frac{a_{2k+1}}{\left(\frac{3}{2}\right)^k a_1} = \frac{2 \cdot 3^k - 1}{2 \cdot 3^k - \left(\frac{3}{2}\right)^k} = \frac{1 - \frac{1}{2 \cdot 3^k}}{1 - \frac{1}{2^{k+1}}} \to 1 \ (k \to \infty)$$

から，欲しかった結論が得られる。つまり，$a_1 = m = 2^{k+1} - 1$ から出発する数列の a_{2k+1} の値は，k を十分大きくすると，初期値の 1.5^k 倍になるので，まさに増大する数列が作れることになる。しかし，問題は，k を十分大きくすると，初期値 $a_1 = m = 2^{k+1} - 1$ も大きくなってしまうことだ。即ち，先の $k = 7$ の例のように，a_{15} までは，初期値のほぼ 1.5^7 倍になるのであるが，そのあとの運命については何も語ってくれない。実際，$k = 7$ の場合は，結局 1 になってしまった。そこで，以下で少し a_{2k+1} の後の数列の振る舞いについて考えてみよう。

さて，$a_1 = m = 2^{k+1} - 1$ とすると，$a_{2k+1} = 2 \cdot 3^k - 1$ で，奇数

である。よって，$a_{2k+1} = 2 \cdot 3^k - 1 \xrightarrow{\alpha} a_{2k+2} = 3 \cdot (2 \cdot 3^k - 1) + 1 = 2 \cdot 3^{k+1} - 2 = 2(3^{k+1} - 1)$ となり，a_{2k+2} は偶数になる。従って，

$$a_{2k+2} = 2(3^{k+1} - 1) \xrightarrow{\beta} a_{2k+3} = 3^{k+1} - 1$$
$$= (3 - 1)(3^k + 3^{k-1} + \cdots + 3^2 + 3^1 + 3^0)$$
$$= 2(3^k + 3^{k-1} + \cdots + 3^2 + 3^1 + 3^0)$$

が導かれる。上記より，a_{2k+3} も偶数になるので，

$$a_{2k+3} = 2(3^k + 3^{k-1} + \cdots + 3^2 + 3^1 + 3^0) \xrightarrow{\beta}$$
$$a_{2k+4} = 3^k + 3^{k-1} + \cdots + 3^2 + 3^1 + 3^0$$

が得られる。各項は 3ℓ $(0 \le \ell \le k)$ であり奇数なので，k が奇数なら a_{2k+4} は偶数であるが，k が偶数なら a_{2k+4} は奇数となり，偶奇は決まらない。また，

$$a_{2k+4} = \frac{3^{k+1} - 1}{2} \in \mathbb{Z}_>$$

とも表せるので，a_{2k+4} の後，$\xrightarrow{\beta}$ がどのくらい続くかは，一般に $3^s - 1$ の 2 のべき指数による。例えば，

$$3^1 - 1 = 2, \quad 3^2 - 1 = 2^3, \quad 3^3 - 1 = 2 \cdot 13, \quad 3^4 - 1 = 2^4 \cdot 5,$$
$$3^5 - 1 = 2 \cdot 11^2, \quad 3^6 - 1 = 2^3 \cdot 7 \cdot 13, \quad 3^7 - 1 = 2 \cdot 1093,$$
$$3^8 - 1 = 2^5 \cdot 5 \cdot 41, \quad 3^9 - 1 = 2 \cdot 13 \cdot 757, \quad 3^{10} - 1 = 2^3 \cdot 11^2 \cdot 61,$$
$$3^{11} - 1 = 2 \cdot 23 \cdot 3851, \quad 3^{12} - 1 = 2^4 \cdot 5 \cdot 7 \cdot 13 \cdot 73, \quad \ldots.$$

先の $k = 7$ の例だと，

$$a_{2 \cdot 7 + 4} = a_{18} = \frac{3^{7+1} - 1}{2} = \frac{3^8 - 1}{2}$$

なので，$(3^8-1)/2 = 2^4 \cdot 5 \cdot 41$ より，a_{18} の後も，4 回 $\overset{\beta}{\to}$ が続くことがわかる。実際，

$$a_{18} = 3280 \overset{\beta}{\to} a_{19} = 1640 \overset{\beta}{\to} a_{20} = 820 \overset{\beta}{\to} a_{21} = 410 \overset{\beta}{\to} a_{22} = 205$$

となる。また，k が奇数だと，3^k-1 の 2 のべき指数は 1 であることがわかるが，k が偶数の場合は，一定ではない。次の章で登場する，メルセンヌ数は，2^k-1 の形をした数であるが，ここで登場した 3^k-1 同様に，意外に扱いづらい側面がある[2]。

1.4 | セルオートマトン表示

　この節では，$3x+1$ 問題をセルオートマトンの表示に変換することにより，視覚的に理解することを考える[3]。

　1 次元の k 状態の場所 x のセルオートマトンとは，1 次元格子 $\mathbb{Z}$ の各格子点 $x \in \mathbb{Z}$ の場所にセルが存在し，そこで k 個の値をとり，近隣の状態により決定論的に時間発展するルールが定められた離散時間モデルである。本書では，格子点 $x \in \mathbb{Z}$

---

*2　Kontorovich and Sinai (2002) [33] では，$3x+1$ 問題を拡張した設定で考察しているが，$3x+1$ 問題の枠組みで彼らの結果を簡単に紹介する。上記の数列$(m, 3x+1, x/2)o$ を適当にスケール変換すると，$\log 3 - 2\log 2 = \log(3/4) < 0$ の負のドリフトを持ったブラウン運動に収束することが示される。従って，「ほぼ全ての」初期値に対して，$3x+1$ 予想が正しいことが導かれる。もちろん，「全ての」初期値ではないので，$3x+1$ 問題は解かれていない。

*3　ここでの内容は，Bruschi (2005) [9] を参考にした。この論文では，1 次元 4 状態のセルオートマトンとの対応も考えているが，本書では割愛する。

での値を $\eta(x)$ とおく。これは，場所 $x \in \mathbb{Z}$ のモデルの内部状態とも思える。

場所	$\cdots$	-3	-2	-1	0	1	2	3	$\cdots$
$\eta(x)$	$\cdots$	$\eta(-3)$	$\eta(-2)$	$\eta(-1)$	$\eta(0)$	$\eta(1)$	$\eta(2)$	$\eta(3)$	$\cdots$

表 1.1

ここでは，2状態のセルオートマトンを考え，その値を 0 と 1 とする。従って，$\eta(x) \in \{0,1\}$ となる。例えば，

場所	$\cdots$	-3	-2	-1	0	1	2	3	$\cdots$
$\eta(x)$	$\cdots$	$\eta(-3)$	$\eta(-2)$	$\eta(-1)$	$\eta(0)$	$\eta(1)$	$\eta(2)$	$\eta(3)$	$\cdots$
値	$\cdots$	0	1	1	0	0	1	0	$\cdots$

表 1.2

1次元の2状態の時刻 $n = 0, 1, 2, \ldots$ で場所 $x \in \mathbb{Z}$ のセルオートマトンの値を $\eta_n(x)$ とおく。2状態を 0 と 1 とするので，$\eta_n(x) \in \{0,1\}$ となる。

初期配置 η_0 に対して，$3x+1$ 問題と対応させるため，以下の2つの条件を課する。

配置条件1

　　　あるる $x \in \mathbb{Z}$ が存在して，$\eta_0(x) = 1$.

即ち，どこかに 1 のセルが存在する。これは，$3x+1$ 問題の

「どんな初期値 $a_1 = m \in \mathbb{Z}_{>}$ に対しても」の「a_1 が存在する」ことに対応している。さらに，次の条件を課す。

配置条件2

　　　　ある自然数 M が存在して，$\eta_0(x) = 0 \ (|x| \geq M)$.

つまり，配置の左側も右側も，無限の 0 の海が広がっている。これは，$3x+1$ 問題の「どんな初期値 $a_1 = m \in \mathbb{Z}_{>}$ に対しても」の「a_1 が有限の数である」ことに対応している。

1.4.1 時間発展ルール

　さて，このセルオートマトンが時間発展するルール，即ち，η_n から η_{n+1} に遷移するルールを定義する。このルールは大きく分けて，ルールＡとルールＢに分けられる。

ルールＡ　　まず，ルールＡはさらに細かく以下の3つルール，「ルール A_1，ルール A_2，ルール A_3」，によって構成されている。

ルール A_1　　配置条件の 1 と 2 により，配置を左から眺めたときに，最初に現れる「01」の配置が必ず存在する。この「01」の配置の右側には，配置条件 2 から必ず「00」の配置が存在する。そこで，「01」の配置の「0」から次に出てくる「00」の配置の左側の「0」まで，数字の上にドット「・」を打つ。例えば，

　　　　$\ldots 0001101000011101000101100 1000 \ldots$

の配置を考えよう。左側の $\ldots$ と右側の $\ldots$ はすべて「0」と

する。まず最初の「01」に着目する。以下ではその配置「01」
を太字にした。

　　　　. . . 000**11**0100001110100010110 01000 . . .

次に，「01」の配置の右側で最初に出てくる「00」の配置に着
目する。以下ではその配置「00」を太字にした。

　　　　. . . 00011010**00**01110100010110 01000 . . .

最後に，「01」の配置の「0」から次に出てくる「00」の配置の
左側の「0」まで，数字の上にドット「·」を打つ。

　　　　. . . 000**1̇1̇0̇1̇0̇0̇**001110100010110 01000 . . .

ルールA₂　　上記の配置「00」からさらに配置を右に眺めたと
きに，配置「11」が現れなければそれでルール A は終了とす
る。もし，配置「11」が現れたときには，その配置「11」とそ
の次に配置条件 2 から必ず出てくる配置「00」までに着目す
る。そこで，「11」の配置の右側の「1」から次に出てくる「00」
の配置の左側の「0」まで，数字の上にドット「·」を打つ。上
記の例で引き続き考えよう。最後の状態は以下であった。但
し，太字は元に戻した。

　　　　. . . 000̇1̇1̇0̇1̇0̇0001110100010110 01000 . . .

まず先の配置「00」からさらに配置を右に眺めたときに最初の
「11」の配置に着目する。以下では，その配置「11」と次に出
てくる配置「00」を太字にした。

　　　　. . . 000̇1̇1̇0̇1̇0̇0001**11**010**00**010110 01000 . . .

次に，「11」の配置の右側の「1」から次に出てくる「00」の配置の左側の「0」まで，数字の上にドット「·」を打つ。

$$\ldots 000\dot{1}\dot{1}0\dot{1}00001\dot{1}\dot{1}0\dot{1}\mathbf{00}010110010 00 \ldots$$

（ルールA₃） 上記のルールA₂を可能な限り適用する。引き続き上記の例で考えよう。最後の状態は以下であった。但し，太字は元に戻した。

$$\ldots 000\dot{1}\dot{1}0\dot{1}00001\dot{1}\dot{1}0\dot{1}\dot{0}0010110010 00 \ldots$$

さらに上記のルールA₂を適用すると，以下が得られる。適用した箇所を太字にした。

$$\ldots 000\dot{1}\dot{1}0\dot{1}00001\dot{1}\dot{1}0\dot{1}\dot{0}0010\mathbf{1}\dot{\mathbf{1}}\dot{\mathbf{0}}01000 \ldots$$

この配置に関してはこれ以上ルールA₂を適用することはできないので，これで終了とする。以上から，ルールAを用いることにより，配置

$$\ldots 000110100001110100010110010 00 \ldots$$

から，ドットを打った配置

$$\ldots 000\dot{1}\dot{1}0\dot{1}00001\dot{1}\dot{1}0\dot{1}\dot{0}0010\dot{1}\dot{1}\dot{0}01000 \ldots$$

が得られた。

さて，このルールAを適用すると，考えられる「$(\eta(x), \eta(x+1))$」の16個の配置のうち，9個しか存在しないことが分かる。それを分かりやすく表示するために，まず，可能な配置16個をすべて書き下すと以下が得られる。

$\eta(x)\,\eta(x+1)$	00	0̇0	01	0̇1	10	1̇0	11	1̇1
$\eta(x)\,\eta(x+1)$	0̇0	0̈0	0̇1	0̈1	1̇0	1̈0	1̇1	1̈1

表 1.3

そのうち，ルールの制約より可能な配置は，以下の 9 個しか
ない。

$\eta(x)\,\eta(x+1)$	00	0̇0	01	–	10	–	–	1̇1
$\eta(x)\,\eta(x+1)$	0̇0	–	–	0̇1	–	1̇0	–	1̈1

表 1.4

次に，ドットを打った配置に対して，以下のルール B を適用
し，時間発展させる。

ルール B $n = 0, 1, 2, \ldots$ かつ $x \in \mathbb{Z}$ に対して，$\eta_{n+1}(x-1)$ の
値を $\eta_n(x)$ と $\eta_n(x+1)$ の値によって以下のように定める。

$$\eta_{n+1}(x-1) = \begin{cases} \eta_n(x) + \eta_n(x+1) \bmod 2 \\ \quad (\eta_n(x) \text{ にドットがついていない}), \\ \eta_n(x) + \eta_n(x+1) + 1 \bmod 2 \\ \quad (\eta_n(x) \text{ にドットがついている}). \end{cases}$$

ここで，$\eta_{n+1}(x-1)$ が $\eta_{n+1}(x)$ になっていないのは，「1」の値
が右に移動しないように調節しているためで，本質的ではな
い。また，$n \in \mathbb{Z}_{\geq}$ に対して，「$n \bmod 2$」は，n を 2 で割った と

きの余りである。例えば，「0 mod 2」と「2 mod 2」は「0」
であり，「1 mod 2」は「1」となる。

さて，上記のルール B の定義をもう少し具体的に詳しく説明
しよう。

(a) $\eta_n(x)$ にドットがついていない場合。

場所	$\cdots$	$x-1$	x	$x+1$	$\cdots$
時刻 n	$\cdots$	$\cdot$	$\eta_n(x)$	$\eta_n(x+1)$	$\cdots$
時刻 $n+1$	$\cdots$	$\eta_n(x)+\eta_n(x+1)$	$\cdot$	$\cdot$	$\cdots$

表 1.5

但し，$\eta_n(x)+\eta_n(x+1)$ は mod 2 で考える。この場合は，5 個
の場合があり，その全てについて考えると，以下のようにな
る。

場所	$\cdots$	$x-1$	x	$x+1$	$\cdots$
時刻 n	$\cdots$	$\cdot$	0	0	$\cdots$
時刻 $n+1$	$\cdots$	0	$\cdot$	$\cdot$	$\cdots$

表 1.6

場所	$\cdots$	$x-1$	x	$x+1$	$\cdots$
時刻 n	$\cdots$	$\cdot$	0	$\dot{0}$	$\cdots$
時刻 $n+1$	$\cdots$	0	$\cdot$	$\cdot$	$\cdots$

表 1.7

場所	$\cdots$	$x-1$	x	$x+1$	$\cdots$
時刻 n	$\cdots$	$\cdot$	0	1	$\cdots$
時刻 $n+1$	$\cdots$	1	$\cdot$	$\cdot$	$\cdots$

表 1.8

場所	$\cdots$	$x-1$	x	$x+1$	$\cdots$
時刻 n	$\cdots$	$\cdot$	1	0	$\cdots$
時刻 $n+1$	$\cdots$	1	$\cdot$	$\cdot$	$\cdots$

表 1.9

場所	$\cdots$	$x-1$	x	$x+1$	$\cdots$
時刻 n	$\cdots$	$\cdot$	1	$\dot{1}$	$\cdots$
時刻 $n+1$	$\cdots$	0	$\cdot$	$\cdot$	$\cdots$

表 1.10

(b) $\eta_n(x)$ にドットがついている場合。

場所	$\cdots$	$x-1$	x	$x+1$	$\cdots$
時刻 n	$\cdots$	$\cdot$	$\eta_n(x)$	$\eta_n(x+1)$	$\cdots$
時刻 $n+1$	$\cdots$	$\eta_n(x)+\eta_n(x+1)+1$	$\cdot$	$\cdot$	$\cdots$

表 1.11

但し，$\eta_n(x)+\eta_n(x+1)+1$ は mod 2 で考える。この場合は，4 個の場合があり，その全てについて考えると，以下のようになる。

場所	$\cdots$	$x-1$	x	$x+1$	$\cdots$
時刻 n	$\cdots$	$\cdot$	$\dot{0}$	0	$\cdots$
時刻 $n+1$	$\cdots$	1	$\cdot$	$\cdot$	$\cdots$

表 1.12

場所	$\cdots$	$x-1$	x	$x+1$	$\cdots$
時刻 n	$\cdots$	$\cdot$	$\dot{0}$	$\dot{1}$	$\cdots$
時刻 $n+1$	$\cdots$	0	$\cdot$	$\cdot$	$\cdots$

表 1.13

場所	$\cdots$	$x-1$	x	$x+1$	$\cdots$
時刻 n	$\cdots$	$\cdot$	1	$\dot{0}$	$\cdots$
時刻 $n+1$	$\cdots$	0	$\cdot$	$\cdot$	$\cdots$

表 1.14

場所	$\cdots$	$x-1$	x	$x+1$	$\cdots$
時刻 n	$\cdots$	$\cdot$	1	1	$\cdots$
時刻 $n+1$	$\cdots$	1	$\cdot$	$\cdot$	$\cdots$

表 1.15

1.4.2 コラッツの操作との対応

少し分かりずらいので，$25_{(10)} = 10011_{(2)}$ の場合について考えてみよう。このとき，本書では，

$$10011_{(2)} = 1 \cdot 2^0 + 0 \cdot 2^1 + 0 \cdot 2^2 + 1 \cdot 2^3 + 1 \cdot 2^4 = 1 + 8 + 16 = 25$$

なので，通常の 2 進数表示の $11001_{(2)}$ とは，セルオートマトン表示との対応で逆になっていることに注意。

まず，時刻 0 の初期配置を以下のように設定する。「10011」の配置があれば，特に場所はこだわらないことに注意。

場所	$\cdots$	-4	-3	-2	-1	0	1	2	3	4	$\cdots$
値	$\cdots$	0	0	1	0	0	1	1	0	0	$\cdots$

表 1.16

次にルール A に従って「ドット」をつけた状態にすると，

場所	$\cdots$	-4	-3	-2	-1	0	1	2	3	4	$\cdots$
値	$\cdots$	0	$\dot{0}$	$\dot{1}$	$\dot{0}$	0	1	$\dot{1}$	$\dot{0}$	0	$\cdots$

表 1.17

次にルール B に従って時間発展させると，全体に左に 1 だけ移動することに注意して，以下の時刻 1 の配置が得られる。

場所	$\cdots$	-5	-4	-3	-2	-1	0	1	2	3	$\cdots$
値	$\cdots$	0	0	0	1	1	0	0	1	0	$\cdots$

表 1.18

従って，「11001」の配置を 2 進数表示と思い，10 進数に直すと，

$$11001_{(2)} = 1 \cdot 2^0 + 1 \cdot 2^1 + 0 \cdot 2^2 + 0 \cdot 2^3 + 1 \cdot 2^4 = 1 + 2 + 16 = 19$$

となり，$11001_{(2)} = 19_{(10)}$ が得られる．同様にして，時刻1の配置にルールAに従って「ドット」をつけた状態にすると，

場所	$\cdots$	-5	-4	-3	-2	-1	0	1	2	3	$\cdots$
値	$\cdots$	0	0	$\dot{0}$	$\dot{1}$	$\dot{1}$	$\dot{0}$	0	1	0	$\cdots$

表 1.19

次にルールBに従って時間発展させると，全体に左に1だけ移動することに注意して，以下の時刻2の配置が得られる．

場所	$\cdots$	-6	-5	-4	-3	-2	-1	0	1	2	$\cdots$
値	$\cdots$	0	0	0	1	0	1	1	1	0	$\cdots$

表 1.20

従って，「10111」の配置を2進数表示と思い，10進数に直すと，

$$10111_{(2)} = 1 \cdot 2^0 + 0 \cdot 2^1 + 1 \cdot 2^2 + 1 \cdot 2^3 + 1 \cdot 2^4 = 1 + 4 + 8 + 16 = 29$$

となり，$10111_{(2)} = 29_{(10)}$ が得られる．

問題 1.4.1 同様にして，時刻3の配置を求め，それに対応する10進数を求めよ．

解答 1.4.1 時刻2の配置にルールAに従って「ドット」をつけた状態にすると，

場所	$\cdots$	-6	-5	-4	-3	-2	-1	0	1	2	$\cdots$
値	$\cdots$	0	0	$\overset{\cdot}{0}$	$\overset{\cdot}{1}$	$\overset{\cdot}{0}$	$\overset{\cdot}{1}$	$\overset{\cdot}{1}$	$\overset{\cdot}{1}$	$\overset{\cdot}{0}$	$\cdots$

表 1.21

次にルール B に従って時間発展させると，全体に左に 1 だけ移動することに注意して，以下の時刻 3 の配置が得られる。

場所	$\cdots$	-7	-6	-5	-4	-3	-2	-1	0	1	$\cdots$
値	$\cdots$	0	0	0	0	0	1	1	0	1	$\cdots$

表 1.22

従って，「1101」の配置を 2 進数表示と思い，10 進数に直すと，

$$1101_{(2)} = 1 \cdot 2^0 + 1 \cdot 2^1 + 0 \cdot 2^2 + 1 \cdot 2^3 = 1 + 2 + 8 = 11$$

となり，$1101_{(2)} = 11_{(10)}$ が得られる。

このようにして，25 の場合の時間発展を計算すると以下のように 1 が得られる。最終的な時刻 7 の配置は，0 の海の中に 1 が一カ所にだけ存在する配置である。

$$\eta_0 = \ldots 00010011000 \ldots = 25_{(10)},$$

$$\eta_1 = \ldots 00011001000 \ldots = 19_{(10)},$$

$$\eta_2 = \ldots 00101110000 \ldots = 29_{(10)},$$

$$\eta_3 = \ldots 00011010000 \ldots = 11_{(10)},$$

$$\eta_4 = \ldots 00100010000 \ldots = 17_{(10)},$$

$$\eta_5 = \ldots 00101100000\ldots = 13_{(10)},$$

$$\eta_6 = \ldots 00010100000\ldots = 5_{(10)},$$

$$\eta_7 = \ldots 00000100000\ldots = 1_{(10)}.$$

これは，

$$\text{数列}\,(25, 3x+1, x/2) = \{25, 76, 38, 19, 58, 29, 88, 44,$$

$$22, 11, 34, 17, 52, 26, 13, 40, 20, 10, 5, 16, 8, 4, 2, 1\}$$

の奇数部分だけとった数列 $(25, 3x+1, x/2)_o = \{25, 19, 29, 11,$ $17, 13, 5, 1\}$ に一致している。このように，問題をセルオートマトンのモデルに読みかえることで，例えば 0 のセルを「白」，1 のセルを「黒」に塗ることで，問題を可視化することができる。

以上の考察から，「$3x+1$ 予想：どんな初期値 $a_1 = m \in \mathbb{Z}_>$ に対しても，その初期値 m に依存したある $N = N(m) \in \mathbb{Z}_>$ が存在して，$a_N = 1$ になる」をこのセルオートマトンのモデルで言いかえると，「配置条件 1 と 2 を満たすどんな初期配置に対しても，その初期配置に依存したある $N \in \mathbb{Z}_>$ が存在して，その時刻での配置 η_N は，1 箇所だけ値が 1 で，他の場所では 0 の値をとる配置になる」。このような可視化により，予想が正しいことを示すことが容易になったのかは，正直分からない。しかし，白と黒だけの絵から証明できたらちょっと面白い。

1.5 ある特性量の性質

　まずは，記号の復習をしよう。$a_1 = m$ として，はじめて $a_n = 1$ となるとき，この数列 $\{a_1 = m, a_2, \ldots, a_n = 1\}$ を数列 $(m, 3x + 1, x/2)$ と表した。例えば，$a_1 = m = 3$ の場合，数列 $(3, 3x + 1, x/2)$ は，$\{3, 10, 5, 16, 8, 4, 2, 1\}$ であり，$a_1 = m = 4$ の場合，数列 $(4, 3x + 1, x/2)$ は，$\{4, 2, 1\}$ である。

　また，数列 $(m, 3x + 1, x/2)$ $\{a_1 = m, a_2, \ldots, a_n = 1\}$ の部分列で，初期値 $a_1 = m$ 以外が奇数だけの数列を $\{b_1(= a_1) = m, b_2, \ldots, b_{k-1}, b_k = 1\}$ とおき，$(m, 3x + 1, x/2)_o$ と表した。例えば，$b_1(= a_1) = m = 3$ の場合，数列 $(3, 3x + 1, x/2)_o$ は $\{3, 5, 1\}$ であり，$b_1(= a_1) = m = 4$ の場合，数列 $(4, 3x + 1, x/2)_o$ は $\{4, 1\}$ である。$a_1 = m$ が小さい値の場合の数列を，それぞれ，表1.1，表1.2 に載せている。

　一般に，数列 $\{x_1, x_2, \ldots, x_n, \ldots\}$ が与えられたとき，その数列の性質を表す量のことは「特性量」と呼ばれることもある。例えば，

$$S_n^{(1)} = x_1 + x_2 + \cdots + x_n$$

は単純に第 n 項までの数列の「和」を表す。その平均の挙動を知りたかったら，

$$\overline{S}_n^{(1)} = \frac{S_n^{(1)}}{n} = \frac{x_1 + x_2 + \cdots + x_n}{n}$$

の振るまいを調べればよい。同様に，各項の2乗の和は，

$$S_n^{(2)} = x_1^2 + x_2^2 + \cdots + x_n^2$$

となり，その平均の挙動は，

$$\overline{S}_n^{(2)} = \frac{S_n^{(2)}}{n} = \frac{x_1^2 + x_2^2 + \cdots + x_n^2}{n}$$

である。さらに，一つおきの積の和は，

$$S_n^{(1,2)} = x_1 x_2 + x_2 x_3 + \cdots + x_n x_{n+1}$$

となる。また，$S_n^{(2)}$ と $S_n^{(1,2)}$ との比を調べたかったら，

$$C_n = \frac{S_n^{(1,2)}}{S_n^{(2)}} = \frac{x_1 x_2 + x_2 x_3 + \cdots + x_n x_{n+1}}{x_1^2 + x_2^2 + \cdots + x_n^2}$$

を考察すればよい。

問題1.5.1 $x_n = 1$ $(n = 1, 2, \ldots)$ のとき，つまり，x_n は n に依存しない定数の場合，$S_n^{(2)}, S_n^{(1,2)}, C_n$ を求めよ。

解答1.5.1 $S_n^{(2)} = S_n^{(1,2)} = n, C_n = 1$.

問題1.5.2 $x_n = (-1)^n$ のとき，$S_n^{(2)}, S_n^{(1,2)}, C_n$ を求めよ。

解答1.5.2 $S_n^{(2)} = n, S_n^{(1,2)} = -n, C_n = -1$.

本節では，$a_1 = m$ を3以上の奇数としたときの数列($m, 3x +$

$1, x/2)$ の不思議な性質について考える。そのために，$a_1 = m$ の次に現れる奇数を m' とおこう。$a_1 = m = 3$ の例では，$m' = 5$ である。

Gluck and Taylor (2001) [14] は，以下の量 $M(m)$ と $D(m)$ を導入した[4]。

$$M(m) = a_1 a_2 + a_2 a_3 + \cdots + a_{n-1} a_n + a_n a_1,$$
$$D(m) = a_1^2 + a_2^2 + \cdots + a_n^2.$$

そして，この数列 $(m, 3x + 1, x/2)$ の特性量として，$M(m)$ と $D(m)$ との比 $C(m)$ を考え，その性質について調べた。

$$C(m) = \frac{M(m)}{D(m)}.$$

まず，$a_1 = m$ が小さい場合について，$M(m), D(m), C(m)$ を計算してみよう。

$m = 3$ のときには，

$$M(3) = 30 + 50 + \cdots + 2 + 3 = 333,$$
$$D(3) = 9 + 100 + \cdots + 4 + 1 = 475,$$

$$C(3) = \frac{333}{475} = 0.7010\ldots.$$

また，$m = 5$ の場合には，

$$M(5) = 80 + 128 + 32 + 8 + 2 + 5 = 255,$$

---

*4 Gluck and Taylor (2001) の論文 [14] の記号では，$M(m)$ の代わりに $N(m)$ を用いているので注意。

$$D(5) = 25 + 256 + 64 + 16 + 4 + 1 = 366,$$

$$C(5) = \frac{255}{366} = 0.6967\ldots.$$

この特性量 $C(m)$ に対して，Gluck and Taylor (2001) [14] は，以下の結果を得た。

定理1.5.1 任意の数列 $(m, 3x+1, x/2)$ に対して，

$$\frac{9}{13} = 0.6923\ldots < C(m) < \frac{7}{5} = 0.7142\ldots$$

が成り立つ。但し，m は 3 以上の奇数とする。

数値的にはかなり狭い範囲にではあるが，例えば，先に計算したように，$C(3) = 333/475 = 0.7010\ldots$, $C(5) = 255/366 = 0.6967\ldots$ なので，$m = 3, 5$ の場合には確かにこの範囲に入っている。しかし，$m = 1$ の場合には，

$$M(1) = 4 + 8 + 2 + 1 = 15,$$

$$D(1) = 1 + 16 + 4 + 1 = 22,$$

$$C(1) = \frac{15}{22} = 0.6818\ldots$$

となり成り立っていないので，この場合は除外しよう。

次の節では，$C(m)$ に関する下限，$C(m) > 9/13$，の証明を紹介する。上限の方は煩雑なので割愛する。

1.6 | 発展編：定理1.5.1の下限の証明

　数列$(m, 3x+1, x/2)$の奇数列である数列$(m, 3x+1, x/2)_o$の長さを$N_o(m)$とおき，この$N_o(m)$に関する帰納法で証明する。但し，mは3以上の奇数であると仮定している。例えば，$m=3$の場合は$3 \to 5 \to 1$なので$N_o(3)=3$となる。また，$m=5$の場合は$5 \to 1$より，$N_o(5)=2$である。

問題1.6.1　$N_o(7)$を求めよ。

解答1.6.1　$7 \to 11 \to 17 \to 13 \to 5 \to 1$より，$N_o(7)=6$

問題1.6.2　$N_o(9)$を求めよ。

解答1.6.2　$9 \to 7 \to \cdots \to 5 \to 1$より，$N_o(9)=7$

　mは3以上の奇数なので，$N_o(m) \geq 2$に注意する。帰納法の証明のために，以下の集合を導入する。

$$\mathcal{M}(n) = \{m \in \mathbb{Z}_{o, \geq 3} : N_o(m) = n\},$$

ただし，$n=2, 3, 4, \ldots$で，$\mathbb{Z}_{o, \geq 3} = \{3, 5, 7, \ldots\}$を3以上の奇数全体の集合とする。この記号を用いると，先に述べたように，$N_o(3)=3, N_o(5)=2$なので，$3 \in \mathcal{M}(3), 5 \in \mathcal{M}(2)$である

ことがわかる。このとき，初期値 m の集合 $Z_{0,\geq 3}$ が以下のように，$\mathcal{M}(n)$ によって分解されることに注意する。

$$Z_{0,\geq 3} = \bigcup_{n=2}^{\infty} \mathcal{M}(n).$$

故に，次のことを示せばよいことが導かれる。任意の $n = 2, 3,$ ... に対して，

$$(\star) \quad C(m) > \frac{9}{13} \quad (m \in \mathcal{M}(n)).$$

証明は n に対する帰納法で示すので，以下のステップ1とステップ2により証明する。

ステップ1. $n = 2$ のとき，式 $(\star)$ が成り立つ。即ち，任意の $m \in M(2)$ に対して，

$$C(m) > \frac{9}{13}$$

が成立する。

ステップ2. $n = r$ のときに，式 $(\star)$ が成り立つと仮定して，$n = r+1$ のときも式 $(\star)$ が成立することを示す。

(1) ステップ1の証明。

まず，$\mathcal{M}(2) = \{m \in Z_{0,\geq 3} : N_o(m) = 2\}$ が以下のように表せることを示す。

$$\mathcal{M}(2) = \left\{ \frac{2^k - 1}{2} : k = 4, 6, 8, \ldots \right\} = \left\{ \frac{2^{2b} - 1}{3} : b = 2, 3, 4, \ldots \right\}.$$

初期値 $m \in \mathcal{M}(2)$ は 3 以上の奇数で，$N_o(m) = 2$ なので，$3m + 1$ が偶数であることに注意すると，ある $k \in \{1, 2, 3, \ldots\}$ が存在して，

$$m \overset{\alpha}{\to} 3m + 1 \overset{\beta}{\to} \frac{3m + 1}{2} \overset{\beta}{\to} \frac{3m + 1}{2^2} \overset{\beta}{\to} \ldots \overset{\beta}{\to} \frac{3m + 1}{2^k} = 1$$

となる。但し，$(3m + 1)/2, (3m + 1)/2^2, \ldots, (3m + 1)/2^{k-1}$ はすべて偶数である。従って，

$$\frac{3m + 1}{2^k} = 1$$

より

$$m = \frac{2^k - 1}{3}$$

と表せることが分かった。ここで，$m \in \mathbb{Z}_{o, \geq 3}$ となるための k の条件について考えてみる。まず，以下のことに注意する。

$k = 1$ のとき，$m = \dfrac{2^1 - 1}{2^k} = \dfrac{1}{3}$

$k = 2$ のとき，$m = \dfrac{2^2 - 1}{3} = 1$

$k = 3$ のとき，$m = \dfrac{2^3 - 1}{3} = \dfrac{8 - 1}{3} = \dfrac{7}{3}$

$$k = 4 \text{ のとき, } m = \frac{2^4 - 1}{3} = \frac{16 - 1}{3} = 5$$

$$k = 5 \text{ のとき, } m = \frac{2^5 - 1}{3} = \frac{32 - 1}{3} = \frac{31}{3}$$

$$k = 6 \text{ のとき, } m = \frac{2^6 - 1}{3} = \frac{64 - 1}{3} = 21$$

$$\vdots$$

つまり，m が3以上の奇数であるためには，少なくとも k は4以上の偶数であることが必要であると予想される。次にそのことを示す。

実は，すでに1.2節で議論しているのであるが，改めて考える。

$k = 2b\ (b \geq 2)$ のとき

$$m = \frac{2^{2b} - 1}{3} = \frac{4^b - 1}{4 - 1} = 1 + 4^1 + 4^2 + \cdots + 4^{b-1}$$

となり，m は5以上の奇数となることが導かれる。

$k = 2b + 1\ (b \geq 1)$ のとき

$$m = \frac{2^{2b+1} - 1}{3} = \frac{2 \times 4^b - 1}{3} = \frac{4^b + 4^b - 1}{3} = \frac{4^b}{3} = \frac{4^b - 1}{4 - 1}$$

$$= \frac{4^b}{3} + 1 + 4^1 + 4^2 + \cdots + 4^{b-1}$$

なので，m は自然数にならない。以上から，$k = 2b\ (b \geq 2)$ と

なる必要があるため,

$$\mathcal{M}(2) \subset \left\{ \frac{2^{2b} - 1}{3} : b = 2, 3, \ldots \right\}$$

が示された。

　逆の包含関係については, $b = 2, 3, \ldots$ に対して $(2^{2b} - 1)/3$ が奇数なので,

$$\frac{2^{2b} - 1}{3} \xrightarrow{\alpha} 2^{2b} \xrightarrow{\beta} 2^{2b-1} \xrightarrow{\beta} \ldots \xrightarrow{\beta} 2 \xrightarrow{\beta} 1$$

となり, 奇数だけの数列を考えると,

$$\frac{2^{2b} - 1}{3} \to 1$$

なので,

$$N_o \left(\frac{2^{2b} - 1}{3} \right) = 2$$

が導かれる。よって,

$$\mathcal{M}(2) = \left\{ \frac{2^{2b} - 1}{3} : b = 2, 3, \ldots \right\} \tag{1.3}$$

が示された。

　準備が終わったので, 任意の $m \in \mathcal{M}(2)$ に対して, $C(m) > 9/13$ を証明する。$m \in \mathcal{M}(2)$ は式(1.3)より, ある $b \in \{2, 3, 4 \ldots\}$ が存在して, $m = (2^{2b} - 1)/3$ と表せるので, それに対して $M(m)$ と $D(m)$ を計算する。まず,

$$M(m) = \left(\frac{2^{2b}-1}{3} \right) \times 2^{2b} + 2^{2b} \times 2^{2b-1} + \cdots + 2 \times 1 + 1 \times \left(\frac{2^{2b}-1}{3} \right)$$

$$= \frac{2^{4b}-2^{2b}}{3} + \frac{2 \times (4^{2b}-1)}{4-1} + \frac{2^{2b}-1}{3}$$

$$= 2^{4b}-1.$$

よって,

$$M(m) = 2^{4b}-1 \tag{1.4}$$

が得られる。同様に,

$$D(m) = \left(\frac{2^{2b}-1}{3} \right)^2 + (2^{2b})^2 + (2^{2b}-1)^2 + \cdots + (2^1)^2 + 1^2$$

$$= \left(\frac{2^{2b}-1}{3} \right)^2 + \frac{4^{2b+1}-1}{3}$$

$$= \frac{13 \times 2^{4b}-2 \times 2^{2b}-2}{9}$$

なので,

$$D(m) = \frac{13 \times 2^{4b}-2 \times 2^{2b}-2}{9} \tag{1.5}$$

が得られる。式(1.4)と式(1.5)より

$$C(m) = \frac{9(2^{4b}-1)}{13 \times 2^{4b}-2 \times 2^{2b}-2}$$

なので, $C(m) > 9/13$ は $2^{2b+1}+2 > 13$ と同値となる。これは $b \geq 2$ で成立するので, 任意の $m \in \mathcal{M}(2)$ に対して, $C(m) >$

9/13 が示された。従って，$n = 2$ の場合の証明が終わる。実は，

$$\lim_{b \to \infty} C\left(\frac{2^{2b} - 1}{3}\right) = \lim_{b \to \infty} \frac{9(2^{4b} - 1)}{13 \times 2^{4b} - 2 \times 2^{2b} - 2}$$

$$= \lim_{b \to \infty} \frac{9 - 9 \times 2^{-4b}}{13 - 2^{1-2b} - 2^{1-4b}}$$

$$= \frac{9}{13}$$

となるので，下限の 9/13 が最良であることも分かる。

(2) ステップ 2 の証明。

以下で，$n = r \ (r \geq 2)$ のときに

$$C(m) > \frac{9}{13} \quad (m \in \mathcal{M}(r))$$

が成立すると仮定して，$n = r + 1$ のときも

$$C(m) > \frac{9}{13} \quad (m \in \mathcal{M}(r+1))$$

が成り立つことを示す。

まず，$m \in \mathcal{M}(r+1)$ とする。このとき，m は 3 以上の奇数なので，$3m + 1$ が偶数となり，ある $k \in \{1, 2, 3, \ldots\}$ が存在して，以下のような数列になる。ただし，m' も 3 以上の奇数である。

$$m \overset{\alpha}{\to} 3m + 1 \overset{\beta}{\to} \frac{3m+1}{2} \overset{\beta}{\to} \frac{3m+1}{2^2} \overset{\beta}{\to} \cdots \overset{\beta}{\to} m' = \frac{3m+1}{2^k}.$$

このとき，$m' \in \mathcal{M}(r)$ となることに注意。実際，$m' = 1$ となるのは $m \in \mathcal{M}(2)$ のときであるが，$m \in \mathcal{M}(r+1)$ $(r \geq 2)$ より，そのようなことは起こらない。

例えば $m = 9$ の場合，奇数列だけを考えると，

$$9 \to 7 \to 11 \to 17 \to 13 \to 5 \to 1$$

より，$N_o(9) = 7$ なので，$9 \in \mathcal{M}(7)$ である。一方，

$$m = 9 \xrightarrow{\alpha} 28 \xrightarrow{\beta} \frac{28}{2} = 14 \xrightarrow{\beta} \frac{28}{2^2} = 7 = m'$$

となるので，$7 \in \mathcal{M}(6)$ となっている。実際，$N_o(7) = 6$ である。

問題 1.6.3 $3 \in \mathcal{M}(3), 13 \in \mathcal{M}(3)$ であることを確かめよ。

解答 1.6.3 $m = 3$ の場合，奇数列だけを考えると，

$$3 \to 5 \to 1$$

より，$3 \in \mathcal{M}(3)$。同様に $m = 13$ の場合，奇数列だけ考えると，

$$13 \to 5 \to 1$$

より，$13 \in \mathcal{M}(3)$。

さて，$m \in \mathcal{M}(r+1)$ $(r \geq 2)$ に対して，$m' \in \mathcal{M}(r)$ が存在して，

$$M(m) = m(3m+1) + (3m+1)\left(\frac{3m+1}{2}\right) + \cdots + \left(\frac{3m+1}{2^{k-1}}\right)m'$$

$$+ \ m'(3m'+1) + \cdots + 1 \times m$$

$$= m(3m+1) + (3m+1)\left(\frac{3m+1}{2}\right) + \cdots + \left(\frac{3m+1}{2^{k-1}}\right)m'$$

$$+ m'(3m'+1) + \cdots + 1 \times m' - m' + m$$

$$= m(3m+2) + (3m+1)^2\left(\frac{1}{2} + \frac{1}{2^3} + \cdots + \frac{1}{2^{2k-1}}\right) + M(m') - m'$$

が成り立つ。ここで,

$$\gamma = \gamma(k) = \frac{1}{2} + \frac{1}{2^3} + \cdots + \frac{1}{2^{2k-1}}$$

とおくと,

$$M(m) = m(3m+2) + \gamma(3m+1)^2 + M(m') - m' \tag{1.6}$$

が得られる。同様にして,

$$D(m) = m^2 + (3m+1)^2 + \left(\frac{3m+1}{2}\right)^2 + \cdots + \left(\frac{3m+1}{2^{k-1}}\right)^2$$

$$+ (m')^2 + (3m'+1)^2 + \cdots + 1^2$$

$$= m^2 + (3m+1)^2\left(1 + \frac{1}{2^2} + \frac{1}{2^4} + \cdots + \frac{1}{2^{2k-2}}\right) + D(m')$$

なので,

$$D(m) = m^2 + 2\gamma(3m+1)^2 + D(m') \tag{1.7}$$

が得られる。故に, 式 (1.6) と式 (1.7) より,

$$C(m) = \frac{M(m)}{D(m)} = \frac{(3m+2)m + \gamma(3m+1)^2 + M(m') - m'}{m^2 + 2\gamma(3m+1)^2 + D(m')}. \tag{1.8}$$

ここで, 帰納法の仮定より $m' \in \mathcal{M}(r)$ なので, $C(m') = M(m')/$

$D(m') > 9/13$, 即ち,

$$13M(m') - 9D(m') > 0 \tag{1.9}$$

を仮定する。一方, 主張したい式は $C(m) > 9/13$ であるので, 式(1.8) から,

$$30m^2 + 26m - 13m' - 5\gamma(3m+1)^2 + 13N(m') - 9D(m') > 0 \tag{1.10}$$

を示せばよい。式(1.9) を仮定しているので, 式(1.10) より,

$$30m^2 + 26m - 13m' - 5\gamma(3m+1)^2 > 0 \tag{1.11}$$

を確かめればよい。以下, k に関して場合分けを行う。但し, k は $m' = (3m+1)/2^k$ の k である。

(a) $k \geq 3$ の場合。まず,

$$\gamma = \frac{1}{2} + \frac{1}{2^3} + \cdots + \frac{1}{2^{2k-1}} < \frac{1}{2} \times \sum_{n=0}^{\infty} \left(\frac{1}{2^2}\right)^n = \frac{2}{3}$$

に注意する。よって, この $\gamma < 2/3$ と式(1.11) より,

$$30m^2 + 26m - 13 \times \frac{3m+1}{2^k} - 5 \times \frac{2}{3} \times (3m+1)^2 > 0 \tag{1.12}$$

が示せればよい。さらに, 条件 $k \geq 3$ から, 式(1.12) で $k = 3$ のときにいえればよい。つまり,

$$30m^2 + 26m - 13 \times \frac{3m+1}{2^3} - 5 \times \frac{2}{3} \times (3m+1)^2 > 0.$$

これは, $m > 119/27 = 4.407\ldots$ と同値なので, $m \geq 5$ の奇数なら主張したい式 $C(m) > 9/13$ が成立することが導かれる。先にみたように, $m = 3$ ならば, $k = 1$ なので, $m = 3$ の場合は

除外される。

(b) $k = 2$ の場合。このときは，

$$\gamma = \gamma(2) = \frac{1}{2} + \frac{1}{2^3} = \frac{5}{8}$$

なので，式 (1.11) より

$$30m^2 + 26m - 13 \times \frac{3m + 1}{2^2} - 5 \times \frac{5}{8} \times (3m + 1)^2 > 0$$

を示せばよい。上式を整理すると，$15m^2 > 20m + 51$ となり，$m \geq 3$ なら成立することが確かめられる。

(c) $k = 1$ の場合。$k = 2$ のときと同様に，

$$\gamma = \gamma(1) = \frac{1}{2}$$

なので，式 (1.11) より

$$30m^2 + 26m - 13 \times \frac{3m + 1}{2^1} - 5 \times \frac{1}{2} \times (3m + 1)^2 > 0$$

を示せばよい。上式を整理すると，$15m^2 > 17m + 18$ となり，$m \geq 3$ なら成立することが分かる。

　以上から，ステップ 2 が示され，定理 1.5.1 の下限の証明が終わる。また，途中でコメントしたように，9/13 の下限が最良である。

m	$a_1 = m, a_2, \ldots, a_{n-1}, a_n = 1$
1	1
2	2, 1
3	3, 10, 5, 16, 8, 4, 2, 1
4	4, 2, 1
5	5, 16, 8, 4, 2, 1
6	6, 3, 10, 5, 16, 8, 4, 2, 1
7	7, 22, 11, 34, 17, 52, 26, 13, 40, 20, 10, 5, 16, 8, 4, 2, 1
8	8, 4, 2, 1
9	9, 28, 14, 7, 22, 11, 34, 17, 52, 26, 13, 40, 20, 10, 5, 16, 8, 4, 2, 1
10	10, 5, 16, 8, 4, 2, 1
11	11, 34, 17, 52, 26, 13, 40, 20, 10, 5, 16, 8, 4, 2, 1
12	12, 6, 3, 10, 5, 16, 8, 4, 2, 1
13	13, 40, 20, 10, 5, 16, 8, 4, 2, 1
14	14, 7, 22, 11, 34, 17, 52, 26, 13, 40, 20, 10, 5, 16, 8, 4, 2, 1
15	15, 46, 23, 70, 35, 106, 53, 160, 80, 40, 20, 10, 5, 16, 8, 4, 2, 1
16	16, 8, 4, 2, 1
17	17, 52, 26, 13, 40, 20, 10, 5, 16, 8, 4, 2, 1
18	18, 9, 28, 14, 7, 22, 11, 34, 17, 52, 26, 13, 40, 20, 10, 5, 16, 8, 4, 2, 1
19	19, 58, 29, 88, 44, 22, 11, 34, 17, 52, 26, 13, 40, 20, 10, 5, 16, 8, 4, 2, 1
20	20, 10, 5, 16, 8, 4, 2, 1
21	21, 64, 32, 16, 8, 4, 2, 1
22	22, 11, 34, 17, 52, 26, 13, 40, 20, 10, 5, 16, 8, 4, 2, 1
23	23, 70, 35, 106, 53, 160, 80, 40, 20, 10, 5, 16, 8, 4, 2, 1
24	24, 12, 6, 3, 10, 5, 16, 8, 4, 2, 1
25	25, 76, 38, 19, 58, 29, 88, 44, 22, 11, 34, 17, 52, 26, 13, 40, 20, 10, 5, 16, 8,

	4, 2, 1
26	26, 13, 40, 20, 10, 5, 16, 8, 4, 2, 1
27	27, 82, 41, 124, 62, 31, 94, 47, 142, 71, 214, 107, 322, 161, 484, 242, 121, 364, 182, 91, 274, 137, 412, 206, 103, 310, 155, 466, 233, 700, 350, 175, 526, 263, 790, 395, 1186, 593, 1780, 890, 445, 1336, 668, 334, 167, 502, 251, 754, 377, 1132, 566, 283, 850, 425, 1276, 638, 319, 958, 479, 1438, 719, 2158, 1079, 3238, 1619, 4858, 2429, 7288, 3644, 1822, 911, 2734, 1367, 4102, 2051, 6154, 3077, 9232, 4616, 2308, 1154, 577, 1732, 866, 433, 1300, 650, 325, 976, 488, 244, 122, 61, 184, 92, 46, 23, 70, 35, 106, 53, 160, 80, 40, 20, 10, 5, 16, 8, 4, 2, 1
28	28, 14, 7, 22, 11, 34, 17, 52, 26, 13, 40, 20, 10, 5, 16, 8, 4, 2, 1
29	29, 88, 44, 22, 11, 34, 17, 52, 26, 13, 40, 20, 10, 5, 16, 8, 4, 2, 1
30	30, 15, 46, 23, 70, 35, 106, 53, 160, 80, 40, 20, 10, 5, 16, 8, 4, 2, 1

表 1.23

m	$b_1 = m, b_2, \ldots, b_{k-1}, b_k = 1$
1	1
2	2, 1
3	3, 5, 1
4	4, 1
5	5, 1
6	6, 3, 5, 1
7	7, 11, 17, 13, 5, 1
8	8, 1
9	9, 7, 11, 17, 13, 5, 1
10	10, 5, 1

11	11, 17, 13, 5, 1
12	12, 3, 5, 1
13	13, 5, 1
14	14, 7, 11, 17, 13, 5, 1
15	15, 23, 35, 53, 5, 1
16	16, 1
17	17, 13, 5, 1
18	18, 9, 7, 11, 17, 13, 5, 1
19	19, 29, 11, 17, 13, 5, 1
20	20, 5, 1
21	21, 1
22	22, 11, 17, 13, 5, 1
23	23, 35, 53, 5, 1
24	24, 3, 5, 1
25	25, 19, 29, 11, 17, 13, 5, 1
26	26, 13, 5, 1
27	27, 41, 31, 47, 71, 107, 161, 121, 364, 91, 137, 103, 155, 233, 175, 263, 395, 593, 445, 167, 251, 377, 283, 425, 319, 479, 719, 1079, 1619, 2429, 911, 1367, 2051, 3077, 577, 433, 325, 61, 23, 35, 53, 5, 1
28	28, 7, 11, 17, 13, 5, 1
29	29, 11, 17, 13, 5, 1
30	30, 15, 23, 35, 53, 5, 1

表 1.24

COLUMUN 1

ボールウェイン積分

本章で扱った3x+1予想では，かなり大きな初期値まで正しいことがコンピュータを用いて確かめられている。もちろんそれだけでは，予想が正しいことを証明したことにはなっていない。次の簡単な例では，ある程度の数までは予想が正しいにもかかわらず，それ以上の全ての数では正しくない例を紹介しよう。

Borwein and Borwein (2001)[6] では，次の**ボールウェイン積分**(Borwein integral)と呼ばれる積分に関する面白い関係式を議論している。

$$\int_0^\infty \frac{\sin(x)}{x}\, dx = \frac{\pi}{2},$$

$$\int_0^\infty \frac{\sin(x)}{x}\, \frac{\sin(x/3)}{x/3}\, dx = \frac{\pi}{2},$$

$$\int_0^\infty \frac{\sin(x)}{x}\, \frac{\sin(x/3)}{x/3}\, \frac{\sin(x/5)}{x/5}\, dx = \frac{\pi}{2},$$

$$\cdots\cdots$$

$$\int_0^\infty \frac{\sin(x)}{x}\, \frac{\sin(x/3)}{x/3}\, \frac{\sin(x/5)}{x/5} \cdots \frac{\sin(x/13)}{x/13} dx = \frac{\pi}{2}.$$

以上の関係式をみると，当然同様の関係式が引き続き成立

しているように思えてくる。しかし，次のステップでその予想は否定される。

$$\int_0^\infty \frac{\sin(x)}{x} \frac{\sin(x/3)}{x/3} \frac{\sin(x/5)}{x/5} \cdots \frac{\sin(x/15)}{x/15} dx < \frac{\pi}{2},$$

この背景には，以下のような関係があるが，詳しくは論文を参照して頂きたい。

$$\frac{1}{3} + \frac{1}{5} + \cdots + \frac{1}{13} < 1 < \frac{1}{3} + \frac{1}{5} + \cdots + \frac{1}{15}.$$

第 2 章

奇数の完全数は
存在するか

この章では，完全数に関係する幾つかの難問を紹介し，また
関連する話題についても紹介する[1]。

2.1 | 約数の和

まず，n を $\mathbb{Z}_{>} = \{1, 2, \ldots\}$ の元とし，その n に対して全て
の約数の和を $\sigma(n)$ と表す。但し，$\sigma(1) = 1$ とする。

例えば，2 の約数は，1 と 2 なので，$\sigma(2) = 1 + 2 = 3$ となる。
また，4 の約数は，1 と 2 と 4 なので，$\sigma(4) = 1 + 2 + 4 = 7$ で
ある。

問題2.1.1　$\sigma(3), \sigma(5), \sigma(6)$ を求めよ。

解答2.1.1

$\sigma(3) = 1 + 3 = 4, \ \sigma(5) = 1 + 5 = 6, \ \sigma(6) = 1 + 2 + 3 + 6 = 12.$

この様にして，$n = 1, 2, \ldots, 50$ まで，$\sigma(n)$ を求めた数列が
以下である。各行は，最初の行が，$\sigma(1)$ から $\sigma(10)$，次の行
が，$\sigma(11)$ から $\sigma(20)$ のように表している。

$$1, 3, 4, 7, 6, 12, 8, 15, 13, 18,$$

---

*1　この章と次の章の参考文献として，例えば，コンウェイ，スミス (2006) [10]，ダン
ハム (2012) [11]，フックス，タバチニコフ [13]，今野 (2018) [30]，黒川 (2012) [35]
がある。

$$12, 28, 14, 24, 24, 31, 18, 39, 20, 42,$$

$$32, 36, 24, 60, 31, 42, 40, 56, 30, 72,$$

$$32, 63, 48, 54, 48, 91, 38, 60, 56, 90,$$

$$42, 96, 44, 84, 78, 72, 48, 124, 57, 93, \ldots.$$

以下，$\sigma(n)$ の定義から導かれる，幾つかの性質を列挙する。

まず，p が素数ならば，約数は，1 と p しか存在しないので，

$$\sigma(p) = p + 1$$

が直ちに分かる。従って，全ての $n \in \mathbb{Z}_>$ に対して，

$$\sigma(n) \geq n + 1$$

であることも明らかであろう。また，p が素数ならば，$k = 1, 2,$ ... に対して，

$$\sigma(p^k) = 1 + p + p^2 + \cdots + p^k = \frac{p^{k+1} - 1}{p - 1}$$

が得られる。また，p と q が相異なる素数ならば，

$$\sigma(pq) = \sigma(p)\sigma(q)$$

が成り立つ。実際，pq の約数は，$1, p, q, pq$ しかないので，

$$\sigma(pq) = 1 + p + q + pq = (1 + p)(1 + q) = \sigma(p)\sigma(q)$$

となる。さらに，同様にして，a と b が互いに素ならば，

$$\sigma(ab) = \sigma(a)\sigma(b)$$

が得られる。特に，$p_1, p_2, \ldots, p_n$ が異なる素数で，$k_1, k_2, \ldots$ $k_n \in \mathbb{Z}_>$ ならば，

$$\sigma(p_1^{k_1} p_2^{k_2} \cdots p_n^{k_n}) = \frac{p_1^{k_1+1}-1}{p_1-1} \times \frac{p_2^{k_2+1}-1}{p_2-1} \times \cdots \times \frac{p_n^{k_n+1}-1}{p_n-1}.$$

以上をまとめると，

命題2.1.1 $n \in \mathbb{Z}_>$ に対する約数の和 $\sigma(n)$ に関して，以下が成立している。

(1) p が素数ならば，$\sigma(p) = p+1$。

(2) p が素数ならば，$k \in \mathbb{Z}_>$ に対して，$\sigma(p^k) = \dfrac{p^{k+1}-1}{p-1}$。

(3) p と q が相異なる素数ならば，$\sigma(pq) = \sigma(p)\sigma(q)$。

(4) さらに，a と b が互いに素ならば，$\sigma(ab) = \sigma(a)\sigma(b)$。

(5) $p_1, p_2, \ldots, p_n$ が異なる素数で，$k_1, k_2, \ldots k_n \in \mathbb{Z}_>$ ならば，

$$\sigma(p_1^{k_1} p_2^{k_2} \cdots p_n^{k_n}) = \frac{p_1^{k_1+1}-1}{p_1-1} \times \frac{p_2^{k_2+1}-1}{p_2-1} \times \cdots \times \frac{p_n^{k_n+1}-1}{p_n-1}.$$

証明 (5)に関しては，(4)を用いると，以下が導かれる。

$$\sigma(p_1^{k_1} p_2^{k_2} \cdots p_n^{k_n}) = \sigma(p_1^{k_1}) \times \sigma(p_2^{k_2}) \times \cdots \times \sigma(p_n^{k_n})$$

$$= \frac{p_1^{k_1+1}-1}{p_1-1} \times \frac{p_2^{k_2+1}-1}{p_2-1} \times \cdots \times \frac{p_n^{k_n+1}-1}{p_n-1}.$$

2.2 | 完全数とは

まず，本章の主役である完全数の定義を述べよう。n が完全

数(perfect number)とは，$\sigma(n) = 2n$ が成り立つときをいう。即ち，自分自身を加えなければ，約数の和が自分自身に一致する数のことである。例えば，$n = 6$ は$\sigma(6) = 1 + 2 + 3 + 6 = 12 = 2 \times 6$なので，完全数である。

問題 2.2.1　$k = 3, 4$ に対して，$2^{k-1}(2^k - 1)$ は完全数であるか，確かめよ。

解答 2.2.1　$k = 3$ のとき，$2^{3-1}(2^3 - 1) = 4 \times 7 = 28$。従って，

$$\sigma(28) = \sigma(4 \times 7) = \sigma(4) \times \sigma(7)$$

$$= (1 + 2 + 4) \times (1 + 7) = 7 \times 8 = 56 = 2 \times 28.$$

つまり，$\sigma(28) = 2 \times 28$。故に，$k = 3$ のとき，即ち，「28 は完全数である」ことが確かめられた。

同様に，$k = 4$ のとき，$2^{4-1}(2^4 - 1) = 8 \times 15 = 120$。従って，命題 2.1.1 の (5) を用いると，

$$\sigma(120) = \sigma(2^3 \times 3 \times 5) = \sigma(2^3) \times \sigma(3) \times \sigma(5)$$

$$= \frac{2^4 - 1}{2 - 1} \times \frac{3^2 - 1}{3 - 1} \times \frac{5^2 - 1}{5 - 1}$$

$$= 15 \times 4 \times 6 = 360 = 3 \times 120.$$

故に，$k = 4$ のとき，即ち，「120 は完全数ではない」ことが確かめられた。ただし，2 倍ではないが，3 倍になっている。つまり，$\sigma(120) = 3 \times 120$。この事実は，後ほどまた触れる。

問題 2.2.2 6 の次に大きい完全数を求めよ。

解答 2.2.2 順次チェックして，28 であることが分かる。

ユークリッドは紀元前300年頃『原論』で完全数を定義し，以下の結果を得た。

定理 2.2.1 （ユークリッド）。$k \geq 2$ とする。$2^k - 1$ が素数ならば，$N = 2^{k-1}(2^k - 1)$ は完全数である。

証明 $p = 2^k - 1$ を素数とすると，$N = 2^{k-1} \times p$ の約数は，

$$1, 2, 2^2, \ldots, 2^{k-1}, p, 2p, 2^2 p, \ldots, 2^{k-1}p$$

であることに注意すると，

$$\sigma(N) = 1 + 2 + 2^2 + \cdots + 2^{k-1} + p + 2p + 2^2 p + \cdots + 2^{k-1}p$$
$$= (1 + p)(1 + 2 + 2^2 + \cdots + 2^{k-1})$$
$$= 2^k \times p = 2 \times 2^{k-1}p = 2N.$$

ここで，3番目の等式は，$p = 2^k - 1$ を用いている。従って，$\sigma(N) = 2N$ となるので，N は完全数である。

実際に，$k = 2$ のときは，$2^2 - 1 = 3$ は素数なので，$N = 2^{2-1}(2^2 - 1) = 2 \times 3 = 6$ は完全数。次に，$k = 3$ のときは，$2^3 - 1 = 7$ は素数なので，$N = 2^{3-1}(2^3 - 1) = 4 \times 7 = 28$ は完全数。ところが，$k = 4$ のときは，$2^4 - 1 = 15 = 3 \times 5$ は素数ではないので，何とも言えないが，$N = 2^{4-1}(2^4 - 1) = 2^3 \times 3 \times 5 = 120$ は，$\sigma(120) = \sigma(2^3) \times \sigma(3) \times \sigma(5) = 15 \times 4 \times 6 = 360 (\neq 240 (= 2 \times 120))$ となる

ので完全数ではない。次の $k = 5$ のときは，$2^5 - 1 = 31$ は素数なので，$N = 2^{5-1}(2^5 - 1) = 496$ は完全数になる。

$p = 2^k - 1$ 型の素数が見つかれば，ユークリッドの定理により，自動的に完全数が見つかることが分かる。このような型の素数は，メルセンヌ (1588–1648) の名にちなんで**メルセンヌ素数**と呼ばれている。一方，k が合成数のときは，$p = 2^k - 1$ は素数にならない[2]。即ち，以下が成り立つ。

(命題 2.2.2) k が合成数ならば，$p = 2^k - 1$ も合成数。

証明 $k = \ell m \ (\ell, m \geq 2)$ とすると，

$$2^k - 1 = 2^{\ell m} - 1 = (2^\ell)^m - 1$$
$$= (2^\ell - 1)\{(2^\ell)^{m-1} + (2^\ell)^{m-2} + \cdots + 2^\ell + 1\}$$

なので，$2^k - 1$ は $2^\ell - 1 (\geq 3)$ で割れるので，合成数である。

実際，$k = 4$ のとき，

$$2^4 - 1 = (2^2)^2 - 1 = (2^2 - 1)(2^2 + 1) = 3 \times 5 = 15$$

なので，合成数になっている。

一方，厄介なことに，k が素数だからといって，$p = 2^k - 1$ は素数とは限らない。一番小さい反例として，$k = 11$ のとき，$2^{11} - 1 = 2047 = 23 \times 89$ がある。

---

*2 少し話題がそれるが，素数を生成する多項式に関しては，Jones et al. (1976) [22]，和田 (1981) [51] を参照のこと。関連して，多項式の次数や変数の数について様々な興味深い未解決問題がある。

さて，$p_M(n)$ を 2^k-1 型の n 番目に大きなメルセンヌ素数とし，$N_{pf}(n)$ を n 番目に大きな完全数とする。1772 年にオイラーは $p_M(8)=2^{31}-1$ を示した。よって，$2^{30}(2^{31}-1)$ も 8 番目に大きな完全数である。即ち，$N_{pf}(8)=2^{30} \times p_M(8)$。

メルセンヌ素数になる 2^k-1 の k を小さい順に列挙すると，

$$2, 3, 5, 7, 13, 17, 19, 31, 61, 89, 107, 127, 521, \ldots.$$

例えば，$k=67, 257$ のときは，2^k-1 は素数にならない。実際，メルセンヌは1644 年に，$k=67$ のときは「素数である」と主張したが，コールは具体的な約数を見つけ，1903年に米国数学会で「素数でない」という以下の報告をした。

$$2^{67}-1 = 193707721 \times 761838257287.$$

k	2^k-1	k	2^k-1
1	1	11	$2047 = 23 \times 89$
2	3	12	$4095 = 3^2 \times 5 \times 7 \times 13$
3	7	13	8191
4	$15 = 3 \times 5$	14	$16383 = 3 \times 43 \times 127$
5	31	15	$32767 = 7 \times 31 \times 151$
6	$63 = 3^2 \times 7$	16	$65535 = 3 \times 5 \times 17 \times 257$
7	127	17	131071
8	$255 = 3 \times 5 \times 17$	18	$262143 = 3^3 \times 7 \times 19 \times 73$
9	$511 = 7 \times 73$	19	524287
10	$1023 = 3 \times 11 \times 31$	20	$1048575 = 3 \times 5^2 \times 11 \times 31 \times 41$

表 2.1

　さて，以下のオイラーによって得られた結果は大変重要である。何故なら，偶数の完全数の形が決まってしまうからだ。

定理 2.2.3　（オイラー）。N が偶数の完全数ならば，$N = 2^{k-1}(2^k - 1)$ と表される。但し，$2^k - 1$ は素数である。即ち，メルセンヌ素数である。

　この定理とユークリッドの定理と合わせると，「偶数の完全数はユークリッド型，即ち，$N = 2^{k-1}(2^k - 1)$ で $2^k - 1$ は素数，しかない」ことが導かれる。実にすっきりしている。

　ここからが本章の本題に入っていくが，「完全数が無限に存在するか？」という問題は，実はいまだに決着がついていない。勿論，「メルセンヌ素数が無限個存在する」ことが示されれば，ユークリッドの定理より，「完全数も無限個存在する」。しかし，そのときの完全数は全て偶数であることに注意する必要がある。その一方で，実は「奇数の完全数は一個も見つかっていない」のだ。これが，本章のタイトルになっている。

　さて，$\sigma(n) > 2n$ を満たす奇数は存在するだろうか。実は存在し，945 である。実際に，

$$\sigma(945) = \sigma(3^3) \times \sigma(5) \times \sigma(7) = \frac{3^4 - 1}{3 - 1} \times 6 \times 8 = 1920 > 1890$$

$$= 2 \times 945.$$

この 945 は $\sigma(n) > 2n$ を満たす奇数の中で最小のものである
ことが知られている。では，$\sigma(n) > 2n$ を満たす奇数は無限
個存在するであろうか？

以下，$\sigma(n) > 2n$ を満たす数を過剰数と呼び，逆に，$\sigma(n)$
$< 2n$ を満たす数を不足数と呼ぼう。すると，問題は「奇数の
過剰数は無限個存在するか」と言いかえられる。

実は，その定義から，「過剰数の倍数は過剰数」であること
が導かれる。従って，奇数の過剰数に奇数を掛ければ奇数の過
剰数になるので，「奇数の過剰数は無限個存在する」ことが分
かる。同様に，偶数の過剰数に偶数を掛ければ偶数の過剰数に
なるので，「偶数の過剰数は無限個存在する」ことが分かる。

一方，「奇数の不足数は無限個存在するか」という問題を考
える。このときは，素数 p を考えると，$\sigma(p) = 1 + p < 2p$ よ
り，$p > 1$ を満たせばよい。3 以上の素数はすべて奇数で，し
かも無限個あるので，「奇数の不足数は無限個存在する」こと
が導かれる。尚，「素数は無限個存在する」ことは，3.2 節で証
明する。

同様に，「偶数の不足数は無限個存在するか」という問題を
考えよう。このときは，素数 p に対して，$\sigma(2p) = 1 + 2 + p +$
$2p = 3p + 3 < 4p$ より，$p > 3$ を満たせばよい。4 以上の素数は
無限個あるので，「偶数の不足数は無限個存在する」結果が得
られる。

今までの議論を表にまとめると，以下のようになる。

	奇数	偶数
過剰数	無限個	無限個
完全数	?	?
不足数	無限個	無限個

表 2.2

この表からもわかるように，完全数に関しては，偶数に関しても，奇数に関しても，その個数に関しては分かっていない。

さて，上記で紹介した奇数の過剰数「$945 = 3^3 \times 5 \times 7$」にヒントを得て，$n = 3^m \times 5 \times 7$ の形の数を考え，「奇数の完全数を見つけること」を少し試みてみよう。また，議論を見やすくするために，以下の量を導入する。

$$\overline{\sigma}_k(n) = \frac{\sigma(n)}{kn}.$$

先に計算したように，

$$\frac{\sigma(945)}{2 \times 945} = \frac{1920}{1890}$$

なので，この記号を用いると，

$$\overline{\sigma}_2(945) = \frac{1920}{1890} = \frac{64}{63} > 1$$

となり，過剰数であることが分かる。特に，完全数との関係を主に考えるので，$k = 2$ の場合を単に

$$\overline{\sigma}(n) = \overline{\sigma}_2(n) = \frac{\sigma(n)}{2n}$$

としよう。勿論,

$$\overline{\sigma}(n) = 1$$

を満たす n が完全数である。

さて, $n = 3^m \times 5 \times 7 \ (m = 1, 2, 3, \ldots)$ の場合の $\overline{\sigma}(n)$ を計算してみると,

$$\overline{\sigma}(3^m \times 5 \times 7) = \frac{\sigma(3^m \times 5 \times 7)}{2 \times 3^m \times 5 \times 7}$$

$$= \frac{3^{m+1}-1}{3-1} \times 6 \times 8 \times \frac{1}{2 \times 3^m \times 5 \times 7}$$

$$= \frac{(3^{m+1}-1) \times 4}{3^{m-1} \times 5 \times 7}.$$

ここで, 見やすくするために, $\overline{\sigma}[m] = \overline{\sigma}(3^m \times 5 \times 7)$ とおき, 具体的な $m \in \mathbb{Z}_>$ の値を入れると,

$$\overline{\sigma}[1] = \frac{32}{35} < \overline{\sigma}[2] = \frac{104}{105} < 1 < \overline{\sigma}[3] = \frac{64}{63} < \overline{\sigma}[4] = \frac{968}{945} <$$

$$\overline{\sigma}[5] = \frac{416}{405} \cdots$$

が得られ, 近いものはあるものの, 完全数(即ち, $\overline{\sigma}[m] = 1$ なる m)は存在しない。さらに, m が大きくなると, $\overline{\sigma}[m]$ も大きくなるようなので, それを確かめるために,

$$f(x)\,(=\overline{\sigma}[x]) = \overline{\sigma}(3^x \times 5 \times 7)\ (x \geq 1)$$

とおく。この関数 $f(x)$ を x で微分すると，

$$f'(x) = \frac{4 \times 3^{1-x} \times \log 3}{35} > 0$$

が得られる。ここで，$\log 3 = 1.0986\ldots$ に注意する。よって，$f(x)$ は単調増加な関数である。従って，$\overline{\sigma}(3^3 \times 5 \times 7) > 1$ なので，$m \geq 3$ の奇数 $n = 3^m \times 5 \times 7$ に対して，$\overline{\sigma}(n) > 1$，即ち，$\sigma(n) > 2n$ を満たすことが分かる。以上より，$n = 3^m \times 5 \times 7\,(m \geq 1)$ 型の奇数の完全数は存在しないことが示された。

命題2.2.4 $n = 3^m \times 5 \times 7\ (m = 1, 2, 3, \ldots)$ 型の奇数の完全数は存在しない。特に，$n = 3^m \times 5 \times 7\ (m = 3, 4, 5, \ldots)$ は奇数の過剰数である。

さらに，

$$\lim_{m \to \infty} \overline{\sigma}(3^m \times 5 \times 7) = \frac{36}{35} = 1.02857\ldots > 1$$

も導かれる。

次に，今までの議論と同様に，以下の問題を考える。

問題2.2.3 $n = 3 \times 5^m \times 7\ (m \geq 1)$ 型の奇数の完全数は存在するか。

解答2.2.3 今の場合，

$$\overline{\sigma}(3 \times 5^m \times 7) = \frac{\sigma(3 \times 5^m \times 7)}{2 \times 3 \times 5^m \times 7}$$

$$= \frac{(5^{m+1}-1) \times 2^2}{3 \times 5^m \times 7}.$$

ここで，$\overline{\sigma}_*[m] = \overline{\sigma}(3 \times 5^m \times 7)$ とおき，具体的な m の値を入れると，

$$\overline{\sigma}_*[1] = \frac{32}{35} < \overline{\sigma}_*[2] = \frac{496}{525} < \overline{\sigma}_*[3] = \frac{832}{875} < \overline{\sigma}_*[4] = \frac{12496}{13125} < 1$$

が得られる。さらに，

$$f(x) \left(= \overline{\sigma}_*[x] \right) = \overline{\sigma}(3 \times 5^x \times 7) \ (x \geq 1)$$

として，x で微分すると，

$$f'(x) = \frac{4 \times 5^{-x} \times \log 5}{21} > 0$$

が得られる。ここで，$\log 5 = 1.6094\ldots$ に注意する。故に，$f(x)$ は単調増加な関数である。さらに，

$$\lim_{m \to \infty} \overline{\sigma}(3 \times 5^m \times 7) = \frac{20}{21} = 0.95238\ldots < 1$$

なので，$m \geq 1$ の奇数 $n = 3 \times 5^m \times 7$ に対して，$\sigma(n) < 2n$ を満たすことが分かる。以上から，$n = 3 \times 5^m \times 7 \ (m = 1, 2, 3, \ldots)$ 型の奇数の完全数は存在しないことが示された。

　上の解答の結果をまとめると，次が導かれる。

命題2.2.5　$n = 3 \times 5^m \times 7$ $(m = 1, 2, 3, \ldots)$ 型の奇数の完全数は存在しない。特に，$n = 3 \times 5^m \times 7$ $(m = 1, 2, 3, \ldots)$ は奇数の不足数である。

最近の結果では，Nielsen（2007）[42] により，以下が証明されている。

定理2.2.6　N が奇数の完全数ならば，少なくとも9個の異なった素因数を持つ。

従って，$n = 3^m \times 5 \times 7$ $(m \in \mathbb{Z}_>)$ 型や $n = 3 \times 5^m \times 7$ $(m \in \mathbb{Z}_>)$ 型のような，3個の異なった素因数を持つ奇数の場合には，残念ながら，完全数にならないことが導かれてしまう。実は，シルヴェスターによる，Nielsen よりは弱い，以下の結果に関しては，その証明が難しくないので紹介したい。

定理2.2.7　（シルヴェスター）。N が奇数の完全数ならば，少なくとも3つの異なった素因数を持つ。

先ずウォーミングアップとして，その前に，次のさらに弱い主張の命題を示そう。

命題2.2.8　N が奇数の完全数ならば，少なくとも2つの異

なった素因数を持つ。

　以下2つの証明を紹介する。

証明1　$N = p^r$ と表せるとして矛盾を導く。但し，p は3以上の素数で，$r \geq 1$ である。N が完全数であるとすると，

$$2N = \sigma(N)$$

なので，

$$2p^r = \frac{p^{r+1} - 1}{p - 1}$$

が得られる。整理すると，

$$p^r(2 - p) = 1$$

となる。従って，左辺は負になる（或いは，右辺は p^r で割れない）ので，矛盾。

証明2　$N = p^r$ と表せるとして矛盾を導く。但し，p は3以上の素数で，$r \geq 1$ である。N が完全数であるとすると，

$$2p^r = \sigma(p^r) = 1 + p + p^2 + \cdots + p^r$$

なので，両辺を p^r で割ると，

$$2 = 1 + \frac{1}{p} + \frac{1}{p^2} + \cdots + \frac{1}{p^r}$$

が得られる。$p \geq 3$ より，

$$2 \leq 1 + \frac{1}{3} + \frac{1}{3^2} + \cdots + \frac{1}{3^r}$$

$$< 1 + \frac{1}{3} + \frac{1}{3^2} + \cdots + \frac{1}{3^r} + \cdots = \sum_{r=0}^{\infty} \frac{1}{3^r} = \frac{3}{2}$$

となり，矛盾。

　実は，上記の証明2を拡張すれば，定理2.2.7 はすぐに示すことができる。

定理2.2.7の証明　$N = p^r q^k$ と表せるとして矛盾を導く。但し，p, q は $q > p \geq 3$ を満たす素数で，$r, k \geq 1$ である。N が完全数であるとすると，

$$2 p^r q^k = \sigma(p^r q^k) = \sigma(p^r) \sigma(q^k)$$
$$= (1 + p + p^2 + \cdots + p^r)(1 + q + q^2 + \cdots + q^k)$$

なので，両辺を $p^r q^k$ で割ると，

$$2 = \left(1 + \frac{1}{p} + \frac{1}{p^2} + \cdots + \frac{1}{p^r}\right) \times \left(1 + \frac{1}{q} + \frac{1}{q^2} + \cdots + \frac{1}{q^k}\right)$$

が得られる。$q > p \geq 3$ より，

$$2 \leq \left(1 + \frac{1}{3} + \frac{1}{3^2} + \cdots + \frac{1}{3^r}\right) \times \left(1 + \frac{1}{5} + \frac{1}{5^2} + \cdots + \frac{1}{5^k}\right)$$

$$< \sum_{r=0}^{\infty} \frac{1}{3^r} \times \sum_{k=0}^{\infty} \frac{1}{5^k} = \frac{3}{2} \times \frac{5}{4} = \frac{15}{8}$$

の評価が得られ，矛盾が生じる。

　同様の方法で，もう一項増やしても，即ち，$N = p_1^{r_1} p_2^{r_2} p_3^{r_3}$ と

し，p_1, p_2, p_3 は $p_3 > p_2 > p_1 \geq 3$ を満たす素数で，$r_1, r_2, r_3 \geq 1$ であるとしても，今度は以下のように矛盾は生じない．

$$2 < \frac{3}{2} \times \frac{5}{4} \times \frac{7}{6} = \frac{105}{48}.$$

よって，この手法では，「少なくとも4つ」までは強められない．

実は，Ochem and Rao (2012) [43] によって，奇数の完全数が存在するとしても 10^{1500} 以上であることが報告されている．

2.3 | k 倍完全数

前節では，$k, n \in \mathbb{Z}_>$ に対して，

$$\overline{\sigma}_k(n) = \frac{\sigma(n)}{kn}$$

なる量を導入した．そして，例えば $\overline{\sigma}_2(n)$ を用いると，過剰数，完全数，不足数を以下のように分類できた．即ち，$\overline{\sigma}_2(n) > 1$ なる n が過剰数，$\overline{\sigma}_2(n) = 1$ なる n が完全数，$\overline{\sigma}_2(n) < 1$ なる n が不足数であった．

実は，$\overline{\sigma}_k(n) = 1$ なる n は k 倍完全数と呼ばれる．従って，「2倍完全数」は通常の「完全数」である．また，$\overline{\sigma}_1(n) = 1$ を満たす n は1だけなので，「1倍完全数」は1のみであることに注意．さらに，一般に，「k 倍完全数」全体は倍積完全数と言わ

れる。

　さて，以前計算した様に，$n = 120$ は $\sigma(120) = 360 = 3 \times 120$ なので，「3 倍完全数」である。その次に，小さい 3 倍完全数は「672」である。

問題 2.3.1　672 が 3 倍完全数であることを確かめよ。

解答 2.3.1

$$\sigma(672) = \sigma(2^5 \times 3 \times 7) = \sigma(2^5) \times \sigma(3) \times \sigma(7)$$

$$= \frac{2^6 - 1}{2 - 1} \times (1 + 3) \times (1 + 7) = 63 \times 4 \times 8$$

$$= 2016 = 2^5 \times 3^2 \times 7 = 3 \times 672.$$

よって，

$$\overline{\sigma}_3(672) = \frac{\sigma(672)}{3 \times 672} = 1$$

なので，3 倍完全数である。

　さらに，「30240」は，4 倍完全数であり，「14182439040」は，5 倍完全数である。共に，デカルトが 1638 年に見つけたとされる。6 倍完全数である「154345556085770649600」は，Robert Daniel Carmichael により 1907 年に発見された。2013 年現在，11 倍完全数までの倍積完全数が見つかっている[3]。

　以下に，少し整理すると，

3 倍完全数	120, 672, 523776, 459818240, ...
4 倍完全数	30240, 32760, 2178540, 23569920, ...
5 倍完全数	14182439040, 31998395520, ...
6 倍完全数	154345556085770649600, ...

表 2.3

問題2.3.2 30240 が 4 倍完全数であることを確かめよ。

解答2.3.2

$$\sigma(30240) = \sigma(2^5 \times 3^3 \times 5 \times 7) = \sigma(2^5) \times \sigma(3^3) \times \sigma(5) \times \sigma(7)$$

$$= \frac{2^6-1}{2-1} \times \frac{3^4-1}{3-1} \times \frac{5^2-1}{5-1} \times \frac{7^2-1}{7-1}$$

$$= 63 \times 40 \times 6 \times 8$$

$$= 2^7 \times 3^3 \times 5 \times 7 = 4 \times 30240.$$

よって,

$$\overline{\sigma}_4(30240) = \frac{\sigma(30240)}{4 \times 30240} = 1$$

なので,4 倍完全数である。

問題2.3.3 14182439040 が 5 倍完全数であることを確かめよ。

---

*3 11 倍完全数は,2.51850413483992918⋯ × 10^{1906} で,George Woltman により 2001 年に発見された。実は,3 倍完全数は 6 個,4 倍完全数は 36 個,5 倍完全数は 65 個,6 倍完全数は 245 個,と発見されており,これより多くは存在しないとされている。

解答2.3.3

$\sigma(14182439040)$

$= \sigma(2^7 \times 3^4 \times 5 \times 7 \times 11^2 \times 17 \times 19)$

$= \sigma(2^7) \times \sigma(3^4) \times \sigma(5) \times \sigma(7) \times \sigma(11^2) \times \sigma(17) \times \sigma(19)$

$= \dfrac{2^8 - 1}{2 - 1} \times \dfrac{3^5 - 1}{3 - 1} \times \dfrac{5^2 - 1}{5 - 1} \times \dfrac{7^2 - 1}{7 - 1} \times \dfrac{11^3 - 1}{11 - 1} \times \dfrac{17^2 - 1}{17 - 1} \times \dfrac{19^2 - 1}{19 - 1}$

$= 255 \times 121 \times 6 \times 8 \times 133 \times 18 \times 20$

$= 2^7 \times 3^4 \times 5^2 \times 7 \times 11^2 \times 17 \times 19 = 5 \times 14182439040.$

よって,

$$\overline{\sigma}_5(14182439040) = \frac{\sigma(14182439040)}{5 \times 14182439040} = 1$$

なので, 5 倍完全数である.

また, 完全数, 即ち, 2 倍完全数からの流れで行くと, k を 2 以上の整数としたとき, 「k 倍完全数は無限個存在するか?」, あるいは, 「奇数の k 倍完全数は存在するか」という問題が考えられる.

ところで, 奇数の完全数, 即ち, 2 倍完全数はまだ発見されていないが, 仮に「n を奇数の 2 倍完全数」としよう. このとき, n は奇数なので, 2 と素である. また, n は 2 倍完全数なので, $\sigma(n) = 2n$ となる. 従って, $\sigma(2) = 1 + 2 = 3$ に注意すると,

$$\sigma(2n) = \sigma(2) \times \sigma(n) = 3 \times 2n = 6n$$

が導かれる。故に,

$$\overline{\sigma}_3(2n) = \frac{\sigma(2n)}{3 \times (2n)} = \frac{6n}{6n} = 1$$

となるので,「n を奇数の2倍完全数とすると,$2n$ は偶数の3倍完全数である」ことが分かる。先の例だと,$120 = 2n$ は偶数の3倍完全数であるが,$n = 60$ は奇数にならないし,完全数でもない。また,$672 = 2n$ は偶数の3倍完全数であるが,$n = 336$ は奇数にならないし,完全数でもない。従って,逆は正しくない。

同様に,n を素数 p と素な「p 倍完全数」であるとする。上と同様の議論により,

$$\sigma(pn) = \sigma(p) \times \sigma(n) = (p+1) \times pn = (p+1)pn$$

と計算される。故に,

$$\overline{\sigma}_{p+1}(pn) = \frac{\sigma(pn)}{(p+1)(pn)} = \frac{(p+1)pn}{(p+1)pn} = 1$$

が導かれるので,n が素数 p と素な p 倍完全数のとき,pn は $(p+1)$ 倍完全数であることが分かる。以上をまとめると,

命題2.3.1 n を素数 p と素な p 倍完全数であると仮定する。このとき,pn は $(p+1)$ 倍完全数である。

2.4 │ オイラーによる関数

オイラーが考えた次の関数に関する話題を紹介する。

$$\varphi_n(x) = (1-x)(1-x^2)(1-x^3)\cdots(1-x^n).$$

具体的に，$n = 1, 2, 3, \ldots$ を展開して整理すると，

$$\varphi_1(x) = 1 - x,$$

$$\varphi_2(x) = 1 - x - x^2 + x^3,$$

$$\varphi_3(x) = 1 - x - x^2 + x^4 + x^5 - x^6,$$

$$\varphi_4(x) = 1 - x - x^2 + 2x^5 - x^8 - x^9 + x^{10}$$

のようになる。実は n を大きくしていくと，x^m の m が小さい項の係数が決まっていく。実際に，$n \to \infty$ としたものは，もはや多項式にはならず，無限級数となる。この級数のことを，**オイラー関数**とここでは呼ぶ。

$$\varphi(x) = \varphi_\infty(x) = \prod_{n=1}^{\infty}(1 - x^n).$$

次節の最後で触れるが，$\varphi(x)$ と約数の和の $\sigma(x)$ には，非自明な関係が成立している（但し，ここでは $\sigma(n)$ の n を x としている）。このオイラー関数の 100 次以下の項は，

$$\varphi(x) = 1 - x - x^2 + x^5 + x^7 - x^{12} - x^{15} + x^{22} + x^{26} - x^{35} - x^{40}$$
$$+ x^{51} + x^{57} - x^{70} - x^{77} + x^{92} + x^{100} - \cdots$$

となる。これをみると，次のように表されることに気がつく。

$$\varphi(x) = 1 - x - x^2 + x^5 + x^7 - \cdots + (-1)^n x^{n(3n-1)/2} + (-1)^n x^{n(3n+1)/2} + \cdots,$$

$$= 1 + \sum_{n=1}^{\infty} (-1)^n \left(x^{n(3n-1)/2} + x^{n(3n+1)/2} \right)$$

$$= \sum_{n=-\infty}^{\infty} (-1)^n x^{n(3n+1)/2}.$$

確かに，$n=1$ とすると，

$$\frac{1 \times (3 \times 1 - 1)}{2} = 1, \quad \frac{1 \times (3 \times 1 + 1)}{2} = 2.$$

また，$n=2$ のときは，

$$\frac{2 \times (3 \times 2 - 1)}{2} = 5, \quad \frac{2 \times (3 \times 1 + 1)}{2} = 7$$

となり，一致している。実は，このベキ指数は図形的な意味を持っている。実際に，

$$P_n = \frac{n(3n-1)}{2}$$

は古代から知られた五角数で，以下の漸化式をみたす。

$$P_1 = 1, \qquad P_{n+1} = P_n + 3n + 1 \quad (n = 1, 2, \ldots).$$

このとき，

$$P_n = \frac{n(3n-1)}{2} \quad (n = 1, 2, \ldots)$$

となり，また，

$$P_n + n = \frac{n(3n+1)}{2} \quad (n = 1, 2, \ldots)$$

の関係も満たす。

問題2.4.1　以下の数列 $\{P_n\}$ を解け。

$$P_1 = 1, \qquad P_{n+1} = P_n + 3n + 1 \quad (n = 1, 2, \ldots).$$

解答2.4.1　漸化式より,

$$\sum_{k=1}^{n-1} P_{k+1} = \sum_{k=1}^{n-1} (P_k + 3k + 1)$$

が得られる。従って,

$$P_n = P_1 + \sum_{k=1}^{n-1} (3k+1) = 1 + 3 \sum_{k=1}^{n-1} k + (n-1)$$

$$= 1 + 3 \times \frac{(n-1)n}{2} + (n-1) = \frac{n(3n-1)}{2}.$$

では, 一般に $\varphi(x)^N$ はどうなるのだろうか。$N = 2$ は簡潔な表現は知られていない。$N = 3$ に対して, ガウスは次の結果を得た。

$$\varphi(x)^3 = \prod_{n=1}^{\infty} (1 - x^n)^3$$

$$= 1 - 3x + 5x^3 - 7x^6 + 9x^{10} - 11x^{15} + \cdots$$

$$= \sum_{n=0}^{\infty} (-1)^n (2n+1) x^{n(n+1)/2}.$$

$N=8$ に対しては，クラインが結果を得ている。一般には，$N=n^2-1$ のときに，マクドナルドは組合せ論的な表現を導いた（1992 年）。

2.5 | 発展編：分割関数

ウォーミングアップとして，次の問題を考えたい。

$$\varphi_*(x) = 1 + x + x^2 + x^3 + \cdots + x^n + \cdots$$

の無限級数に対して，

$$\varphi_*(x)\, a(x) = 1$$

をみたす多項式，あるいは，一般に無限級数 $a(x)$ は何であろうか？

この場合には，

$$\frac{1}{1-x} = 1 + x + x^2 + x^3 + \cdots + x^n + \cdots$$

に気がつくと，$a(x) = 1-x$ であることがわかる。

問題2.5.1 以下を示せ。

$$1 + x + x^2 + x^3 + \cdots + x^n = \frac{1-x^{n+1}}{1-x}$$

解答 2.5.1

$$(1-x)\ (1+x+x^2+x^3+\cdots+x^n) = 1-x^{n+1}.$$

同様のことを，前節で導入したオイラー関数 $\varphi(x)$ について考えてみよう。即ち，

$$\varphi(x)\ p(x) = 1 \tag{2.1}$$

をみたす多項式，あるいは，一般に無限級数 $p(x)$ は何であろうか？

先に答えを言ってしまうと，この $p(x)$ は次で与えられる，自然数 n の分割関数 $p(n)$ の母関数である。

$$p(x) = \sum_{n=0}^{\infty} p(n) x^n.$$

但し，$p(0) = 1$ とおく。

以下に説明をしよう。まず，自然数 n の分割関数 $p(n)$ とは，分割 $n = n_1 + n_2 + \cdots + n_k, 1 \le n_1 \le n_2 \le \cdots \le n_k$ の数のことである。例えば，

$p(1) = 1 \quad (1)$

$p(2) = 2 \quad (2 = 1+1)$

$p(3) = 3 \quad (3 = 1+2 = 1+1+1)$

$p(4) = 5 \quad (4 = 1+3 = 2+2 = 1+1+2 = 1+1+1+1)$

$p(5) = 7 \quad (5 = 1+4 = 2+3 = 1+1+3 = 1+2+2$

$\qquad\qquad\qquad = 1+1+1+2 = 1+1+1+1+1)$

なので，

$$p(x) = 1 + x + 2x^2 + 3x^3 + 5x^4 + \cdots + p(n)x^n + \cdots$$

となる。では，この準備のもとで，式(2.1)を示そう。

まず，

$$\frac{1}{\varphi(x)} = \frac{1}{\prod_{n=1}^{\infty}(1-x^n)} = \frac{1}{1-x} \times \frac{1}{1-x^2} \times \frac{1}{1-x^3} \times \cdots$$

$$= (1 + x + x^2 + \cdots)(1 + x^2 + x^4 + \cdots)(1 + x^3 + x^6 + \cdots)$$

$$= \prod_{n=1}^{\infty}(1 + x^n + x^{2n} + x^{3n} + \cdots)$$

の変形に注意する。x^r の係数は

$$r = 1 \times k_1 + 2 \times k_2 + \cdots + m \times k_m$$

により決まるので，r の分割数 $p(r)$ となる。

これを用いると，$p(n)$ を順次小さい n から計算することができる。実際に，

$$\varphi(x)\,p(x)$$

$$= (1 - x - x^2 + x^5 + x^7 - x^{12} - x^{15} + x^{22} + x^{26} - x^{35} - x^{40} + \cdots)$$

$$\times (1 + p(1)x + p(2)x^2 + p(3)x^3 + \cdots)$$

$$= 1$$

を $n = 1, 2, 3, \ldots$ に対して，x^n の係数が 0 になることに注意すると，

$$p(1) - 1 = 0,$$

$$p(2) - p(1) - 1 = 0,$$

$$p(3) - p(2) - p(1) = 0,$$

$$p(4) - p(3) - p(2) = 0,$$

$$p(5) - p(4) - p(3) + 1 = 0,$$

$$p(6) - p(5) - p(4) + p(1) = 0,$$

$$p(7) - p(6) - p(5) + p(2) + 1 = 0,$$

$$\cdots$$

となるので,

$$p(1) = 1,$$

$$p(2) = p(1) + 1 = 2,$$

$$p(3) = p(2) + p(1) = 2 + 1 = 3,$$

$$p(4) = p(3) + p(2) = 3 + 2 = 5,$$

$$p(5) = p(4) + p(3) - 1 = 5 + 3 - 1 = 7,$$

$$p(6) = p(5) + p(4) - p(1) = 7 + 5 - 1 = 11,$$

$$p(7) = p(6) + p(5) - p(2) - 1 = 11 + 7 - 2 - 1 = 15,$$

$$\cdots$$

が得られる。同様に,

$$p(n) = p(n-1) + p(n-2) - p(n-5) - p(n-7)$$
$$+ p(n-12) + p(n-15) - \cdots$$

となる。よって, $p(8) = 22, p(9) = 30, p(10) = 42, \ldots, p(20) = 627, \ldots, p(50) = 204226, \ldots, p(100) = 190569791, \ldots$。さらに, 漸近的な挙動は,

$$p(n) \sim \frac{1}{4\sqrt{3}n} \exp\left(\frac{2\pi}{\sqrt{6}}\sqrt{n}\right)$$

であることが知られている。但し, $f(n) \sim g(n)$ は

$$\lim_{n\to\infty} f(n)/g(n) = 1$$

の意味である。

最後に, オイラー関数 $\varphi(x)$ と約数の和の母関数との関係について少し触れる。本章では, $\sigma(n)$ で, n の全ての約数の和を表した。例えば,

$$\sigma(4) = 1 + 2 + 4 = 7, \quad \sigma(6) = 1 + 2 + 3 + 6 = 12$$

であった。これに対して, $\sigma(x)$ をその母関数とする。即ち,

$$\sigma(x) = \sum_{n=1}^{\infty} \sigma(n)x^n$$

$$= x + 3x^2 + 4x^3 + 7x^4 + 6x^5 + 12x^6 + \cdots.$$

このとき, 式(2.1) と同様に, 以下が成り立つ。

$$\varphi(x)\,\sigma(x) = -x\varphi'(x).$$

即ち,

$$(\log \varphi(x))' = -\frac{\sigma(x)}{x}.$$

COLUMUN 2

双子素数問題

　この章でも紹介したように，素数は「無限個存在」する。しかもその証明は，2000 年以上という，はるか昔のギリシャ時代に，ユークリッドの『原論』という本の中で示されていて，正直大変驚くべきことである。次に，「双子素数」と呼ばれる，その差が 2 である素数の 2 個の組を考えてみよう。具体的には，(3, 5)，(5, 7)，(11, 13) などが双子素数である。しかし，この双子素数は，「素数のように無限個ある」という予想はあるものの，誰もその証明には成功していない。この「双子素数問題」は，有名な数学上の未解決問題の一つである。

　それに関連して，2013 年に，米国のニューハンプシャー大学(当時)の張益唐が，「隣り合った素数の隔たりが，7 千万以下のものが無数組存在する」ことを証明した。このニュースはあっという間に世界を駆け巡り，日本でもスポーツ新聞で扱われるまで大きく報道された。この新定理を発見したときの彼の年齢が 60 歳弱という年齢だったことも注目度を高めたように記憶している。現在，この「7 千万」という幅はかなり狭められているが，双子素数の場合の「2」までは残念ながら達していない。もし達していたら，

「双子素数問題」は解決し，予想通り「双子素数は無限個ある」ことが示されたことになる。この辺のいきさつについては，訳書『素数の未解決問題がもうすぐ解けるかもしれない』[41]に詳しい。

　ところで，皆さんの中には，別の有名な数学上の未解決問題の一つとして，「リーマン予想」をご存知の方もいると思う。この予想は，ドイツの数学者リーマンによる1859年の論文にもとづくが，実は素数がどのように分布しているかと密接に関係している。実際，彼の論文のタイトルがまさに「与えられた数より小さい素数の個数について」である。また上記の「双子素数問題」も，もちろん素数の分布と関係があり，両者は無関係ではない。

第 3 章

$\zeta(3)$ を求めたい

この章では，無理数であることしか知られていない謎の数 $\zeta(3)$ 周辺について考えてみよう。主役は $\zeta(3)$ であるが，脇役の $\zeta(2)$ に関しても頻繁にふれる。ここで，本章で良く出てくる記号をあらためて以下に記す。$\mathbb{Z} = \{0, \pm 1, \pm 2, \pm 3, \ldots\}$, $\mathbb{Z}_{>} = \{1, 2, 3, \ldots\}$, $\mathbb{Z}_{\geq} = \{0, 1, 2, \ldots\}$。

3.1 ζ関数とは

ゼータ関数(zeta function)$\zeta(s)$ とは，$s > 1$ に対して，以下で定義されるものであり，数学だけでなく様々な分野に現れる，非常に重要な関数である。本書では，主に s が正の整数($s \in \mathbb{Z}_{>}$)の場合について扱う。

$$\zeta(s) = \sum_{n=1}^{\infty} \frac{1}{n^s}. \tag{3.1}$$

3.2 ζ(1) の値

まず，上の定義をみると，「$s > 1$」であり，$s = 1$ が除かれている。どうしてなのであろうか。以下，$\zeta(1)$ について考えてみよう。$\zeta(1)$ は，式(3.1)で，形式的に $s = 1$ とおくと，

$$\zeta(1) = \sum_{n=1}^{\infty} \frac{1}{n} = 1 + \frac{1}{2} + \frac{1}{3} + \frac{1}{4} + \frac{1}{5} + \cdots \tag{3.2}$$

と表せる。ここで,

$$\frac{1}{3} + \frac{1}{4} > \frac{1}{4} + \frac{1}{4},$$

$$\frac{1}{5} + \frac{1}{6} + \frac{1}{7} + \frac{1}{8} > \frac{1}{8} + \frac{1}{8} + \frac{1}{8} + \frac{1}{8},$$

$$\cdots.$$

一般に,$m = 1, 2, \ldots$ に対して,以下の不等式が成り立っている。

$$\frac{1}{2^m+1} + \frac{1}{2^m+2} + \cdots + \frac{1}{2^{m+1}} > \frac{1}{2^{m+1}} + \frac{1}{2^{m+1}} + \cdots + \frac{1}{2^{m+1}}.$$

上の式で,右辺も左辺もそれぞれ 2^m 個の項があることに注意すると,右辺は

$$\frac{1}{2^{m+1}} + \frac{1}{2^{m+1}} + \cdots + \frac{1}{2^{m+1}} = \frac{2^m}{2^{m+1}} = \frac{1}{2} \tag{3.3}$$

が導かれる。故に,式(3.2) と式(3.3) を用いると,

$$\zeta(1) = 1 + \frac{1}{2} + \frac{1}{3} + \frac{1}{4} + \frac{1}{5} + \cdots > 1 + \frac{1}{2} + \sum_{m=1}^{\infty} \frac{1}{2}$$

が得られる。明らかに,

$$1 + \frac{1}{2} + \sum_{m=1}^{\infty} \frac{1}{2} = \infty$$

なので,

$$\zeta(1) = \infty$$

が導かれる。よって，$s=1$ では発散するので，除外されている。以上から，次が示された。

命題3.2.1

$$\zeta(1) = \infty .$$

同様の方針だが，別の手法で，$\zeta(1) = \infty$ を示す証明を以下で与えよう。$k=2, 3, 4, \ldots$ に対して，

$$\frac{1}{k+1} + \frac{1}{k+2} + \cdots + \frac{1}{k^2} > \frac{1}{k^2} + \frac{1}{k^2} + \cdots + \frac{1}{k^2}$$

が成り立つことに注意する。上の不等式で，右辺も左辺もそれぞれ $k^2 - (k+1) + 1 = k^2 - k$ 個の項があることに注意すると，右辺は

$$\frac{1}{k^2} + \frac{1}{k^2} + \cdots + \frac{1}{k^2} = \frac{k^2 - k}{k^2} = \frac{k-1}{k}$$

となる。即ち，$k=2, 3, 4, \ldots$ に対して，

$$\frac{1}{k+1} + \frac{1}{k+2} + \cdots + \frac{1}{k^2} > \frac{k-1}{k} \tag{3.4}$$

が成り立つ。故に，式(3.2)と式(3.4)を用いると，

$$\zeta(1) = 1 + \frac{1}{2} + \frac{1}{3} + \frac{1}{4} + \frac{1}{5} + \cdots > 1 + \frac{1}{2} + \sum_{k=2}^{\infty} \frac{k-1}{k} \tag{3.5}$$

が得られる。ここで，$k = 2, 3, 4, \ldots$ に対して，

$$\frac{k-1}{k} \geq \frac{1}{2}$$

が成立することに注意すると，

$$\sum_{k=2}^{\infty} \frac{k-1}{k} \geq \sum_{k=2}^{\infty} \frac{1}{2} = \infty \tag{3.6}$$

となり，式(3.5) と式(3.6) により，

$$\zeta(1) = \infty$$

の結論が得られる。

　また，節3.4 で一般の s の場合に積分との比較の評価ついてふれるが，$\zeta(1) = \infty$ は，以下のように積分との比較で示すことができる。

$$\zeta(1) > 1 + \int_2^{\infty} \frac{1}{x} \, dx = \infty.$$

　一方，$s = 2$ の場合には，$\zeta(s)$ は有限となる。即ち，

命題3.2.2

$$\zeta(2) < \infty.$$

$\zeta(1) = \infty$ の場合と同様に，$\zeta(2) < \infty$ は，以下のような積分との比較で容易に示すことができる。

$$\zeta(2) < 1 + \int_1^{\infty} \frac{1}{x^2} \, dx = 1 + 1 = 2.$$

さて，$s > 1$ のときに，オイラーの積公式の関係が成立していることが良く知られている。

定理3.2.3 （オイラーの積公式）

$$\sum_{n=1}^{\infty} \frac{1}{n^s} = \prod_{p\,:\,p\text{は素数}} \frac{1}{1 - \frac{1}{p^s}}.$$

このことを示すには，以下の関係式に注意すればよい。

$$\prod_{p\,:\,p\text{は素数}} \frac{1}{1 - \frac{1}{p^s}} = \prod_{p\,:\,p\text{は素数}} \left\{ 1 + \frac{1}{p^s} + \frac{1}{(p^2)^s} + \frac{1}{(p^3)^s} + \cdots \right\}$$

$$= \sum \frac{1}{(p_1^{n_1} p_2^{n_2} \cdots p_r^{n_r})^s}$$

ここで，形式的に $s = 1$ とおくと，

$$\zeta(1) = \sum_{n=1}^{\infty} \frac{1}{n} = \prod_{p\,:\,p\text{は素数}} \frac{1}{1 - \frac{1}{p}} \tag{3.7}$$

が導かれる。命題3.2.1 より，$\zeta(1) = \infty$ なので，素数が無限個あることがわかる。何故なら，もし素数が有限個だとすると，右辺の無限積(3.7) が有限積となり，$\zeta(1) < \infty$ が得られ，矛盾が生じてしまうからである。よって，オイラーの積公式を用いると，$\zeta(1) = \infty$ の副産物として，「素数が無限個存在する」という重要な結果が得られた。

この結果自体は，ユークリッド（Euclid）により紀元前300年

頃証明されたが，以下に定理として記しておこう。

定理3.2.4　（ユークリッド）

　素数は無限個存在する。

ここでは，背理法を用いた簡単な証明を紹介する。まず「素数が有限個である」と仮定する。そして，それらが m 個として，$p_1, p_2, \ldots, p_m$ とおく。さらに，次の数 q を考える。即ち，全ての素数を掛けて，さらに，最後に1を足す，これが実に無駄なく上手い。

$$q = p_1 \times p_2 \times \cdots \times p_m + 1.$$

このように定義することで，q は素数 $p_1, p_2, \ldots, p_m$ のどれよりも大きい。つまり，$q > p_j\ (j=1, 2, \ldots, m)$。よって，素数ではない。故に，合成数なので，素数 $p_1, p_2, \ldots, p_m$ のどれかの素数で割り切れるはずである。しかし，素数 $p_1, p_2, \ldots, p_m$ のどれで割っても1余る。故に，「素数が有限個である」と仮定したことにより，矛盾が生じた。以上から，「素数は無限個存在する」ことが示された。

　さて，オイラーは以下のことを示した。

定理3.2.5　（オイラー）

$$\sum_{p:p は素数} \frac{1}{p} = \infty.$$

つまり，素数は逆数の和が発散するくらいには，「数多く」存在することを意味する。一方，命題3.2.2で示されたように「$\zeta(2) < \infty$」なので，「n^2 よりはある意味多い」ことも粗く分かる。

この定理3.2.5 の証明に関しては，Owings (2010)[44] による，「$\zeta(1) = \infty$」の結果だけを使う，巧妙な背理法の証明を紹介しよう。次節では，「$\zeta(1) = \infty$ と $\zeta(2) < \infty$」の結果を用いた証明を紹介する。

それでは，Owings による定理3.2.5 の証明を始めよう。まず，背理法を用いるので，以下を仮定する。

$$\sum_{p\,:\,p\text{は素数}} \frac{1}{p} < \infty.$$

但し，和をとる素数の個数は有限個か無限個かは問わない。従って，いずれの場合も，

$$\sum_{\substack{p\,:\,p\text{は素数} \\ p \geq q}} \frac{1}{p} < 1$$

となるような素数qが存在する。そして，

$$S = \sum_{\substack{p\,:\,p\text{は素数} \\ p \geq q}} \frac{1}{p}$$

とおくと，定義より，

$$0 < S < 1$$

である。この素数qに対して，

$$a(q) = \prod_{\substack{p:p \text{ は素数} \\ p < q}} p$$

なる数を導入する。素数 q より小さな素数 p ならば，上の定義より，$a(q)$ は p で割り切れる。さらに，任意の $n = 1, 2, \ldots$ に対して，

$$a(q)n + 1$$

を素数 q より小さな素数 p で割ると，いつも 1 余る。故に，各 $n = 1, 2, \ldots$ に対して，$a(q)n + 1$ を素因数分解すると，その素因数分解の素数は q 以上の素数となる。つまり，$m = m(n)$ と異なる素数 $p_1^{(n)}, p_2^{(n)}, \ldots, p_m^{(n)} \geq q$ かつ自然数 $r_1^{(n)}, r_2^{(n)}, \ldots, r_m^{(n)}$ が存在して，

$$a(q)n + 1 = (p_1^{(n)})^{r_1^{(n)}} (p_2^{(n)})^{r_2^{(n)}} \cdots (p_m^{(n)})^{r_m^{(n)}}$$

と素因数分解される。一方，素数 q 以上の素数を小さい順に $q \leq p_1 < p_2 < p_3 < \cdots$ とおくと，

$$S = \sum_{\substack{p:p \text{ は素数} \\ p \geq q}} \frac{1}{p} = \frac{1}{p_1} + \frac{1}{p_2} + \frac{1}{p_3} + \cdots$$

となる。よって，

$$S^2 = \left(\frac{1}{p_1} + \frac{1}{p_2} + \frac{1}{p_3} + \cdots \right)^2$$

$$= \frac{1}{p_1^2} + \frac{1}{p_1 p_2} + \frac{1}{p_1 p_3} + \cdots + \frac{1}{p_2 p_1} + \frac{1}{p_2^2} + \frac{1}{p_2 p_3} + \cdots$$

に注意すると，

$$S + S^2 + S^3 + \cdots = \sum_i \frac{1}{p_1} + \sum_{i,j} \frac{1}{p_i p_j} + \sum_{i,j,k} \frac{1}{p_i p_j p_k} + \cdots$$

が導かれる。従って，$0 < S < 1$ より，

$$\frac{S}{1-S} = \sum_i \frac{1}{p_1} + \sum_{i,j} \frac{1}{p_i p_j} + \sum_{i,j,k} \frac{1}{p_i p_j p_k} + \cdots.$$

故に，

$$\sum_{n=1}^{\infty} \frac{1}{a(q)\,n+1} = \sum_{n=1}^{\infty} \frac{1}{(p_1^{(n)})^{r_1^{(n)}} (p_2^{(n)})^{r_2^{(n)}} \cdots (p_m^{(n)})^{r_m^{(n)}}}$$

$$\leq \sum_i \frac{1}{p_1} + \sum_{i,j} \frac{1}{p_i p_j} + \sum_{i,j,k} \frac{1}{p_i p_j p_k} + \cdots$$

$$= \frac{S}{1-S}$$

が得られる，従って，$0 < S < 1$ に注意すると，

$$\sum_{n=1}^{\infty} \frac{1}{a(q)\,n+1} \leq \frac{S}{1-S} < \infty \tag{3.8}$$

が導かれた。一方，

$$\sum_{n=1}^{\infty} \frac{1}{a(q)\,n+1} \geq \sum_{n=1}^{\infty} \frac{1}{a(q)\,n+n} = \frac{1}{a(q)+1} \sum_{n=1}^{\infty} \frac{1}{n} = \frac{\zeta(1)}{a(q)+1}$$

が得られる。よって，$\zeta(1) = \infty$ から，

$$\sum_{n=1}^{\infty} \frac{1}{a(q)\,n+1} \geq \infty \tag{3.9}$$

が導かれる。式 (3.8) と式 (3.9) より矛盾が生じたため，求め

たかった評価,

$$\sum_{p : p \text{ は素数}} \frac{1}{p} = \infty$$

が得られた。以上より背理法による証明が終わる。

3.3 | 発展編：定理 3.2.5 の証明

この節では，「命題 3.2.1 の $\zeta(1) = \infty$」と「命題 3.2.2 の $\zeta(2)$ $< \infty$」の 2 つの結果を用いた，定理 3.2.5 の証明の流れを紹介しよう。まず，オイラーの積公式から,

$$\zeta(s) = \sum_{n=1}^{\infty} \frac{1}{n^s} = \prod_{p : p \text{ は素数}} \frac{1}{1 - \frac{1}{p^s}}$$

が成り立っている。上式の両辺の対数をとると,

$$\log \zeta(s) = - \sum_{p : p \text{ は素数}} \log \left(1 - \frac{1}{p^s}\right)$$

となる。右辺で $\log x$ のテイラー展開を用いると,

$$\log \zeta(s) = \sum_{p : p \text{ は素数}} \sum_{m=1}^{\infty} \frac{1}{mp^{sm}}$$

が得られる。さらに，右辺を

$$\log \zeta(s) = \sum_{p : p \text{ は素数}} \frac{1}{p^s} + \sum_{p : p \text{ は素数}} \sum_{m=2}^{\infty} \frac{1}{mp^{sm}}$$

のように，$m = 1$ と $m \geq 2$ の2つの項に分割する。そして，上式の両辺で $s = 1$ としたとき，もし右辺の第2項が有限であれば，$\zeta(1) = \infty$ なので，右辺の第1項が無限大であること，つまり，示したかったことが導かれる。故に以下で，「$s = 1$ のとき，第2項が有限であること」を証明する。まず，次のことに注意する。

$$\sum_{m=2}^{\infty} \frac{1}{mp^m} < \sum_{m=2}^{\infty} \frac{1}{2p^m} = \sum_{m=0}^{\infty} \frac{1}{2p^{m+2}} = \frac{1}{2p^2} \sum_{m=0}^{\infty} \left(\frac{1}{p}\right)^m$$

$$= \frac{1}{2p^2} \frac{1}{1 - \frac{1}{p}} < \frac{1}{2p^2} \frac{1}{1 - \frac{1}{2}} = \frac{1}{p^2}.$$

従って，

$$\sum_{m=2}^{\infty} \frac{1}{mp^m} < \frac{1}{p^2} \tag{3.10}$$

が得られた。故に，第2項の評価を以下のように得る。

$$\sum_{p:p \text{は素数}} \sum_{m=2}^{\infty} \frac{1}{mp^m} < \sum_{p:p \text{は素数}} \frac{1}{p^2} < \sum_{n=1}^{\infty} \frac{1}{n^2} = \zeta(2) < \infty.$$

ここで，最初の不等式は，式(3.10)を使った。また，最後の不等式で，$\zeta(2) < \infty$ を用いた。以上から，「$s = 1$ のとき，第2項が有限であること」が示されたので，証明が終わる。

3.4 ゼータ関数の性質

この節では，ウォーミングアップとして，ゼータ関数の簡単に得られる性質について考えよう。定義より，以下の単調性が成り立つ。

$$1 < s_1 \leq s_2 \text{ ならば, } \zeta(s_1) \geq \zeta(s_2). \tag{3.11}$$

さらに，ゼータ関数の上限と下限は，次のように求められる。

$$s > 1 \text{ に対して, } 1 < 1 + \frac{1}{(s-1)\,2^{s-1}} < \zeta(s) < \frac{s}{s-1}. \tag{3.12}$$

何故なら，まず上からの評価は，

$$\zeta(s) < 1 + \int_1^\infty \frac{1}{x^s}\,dx = 1 + \frac{1}{s-1} = \frac{s}{s-1}$$

から得られる。同様に，下からの評価は，

$$\zeta(s) > 1 + \int_2^\infty \frac{1}{x^s}\,dx = 1 + \frac{1}{(s-1)\,2^{s-1}}$$

より導かれる。例えば，この評価より，

$$\frac{3}{2} < \zeta(2) < 2, \qquad \frac{9}{8} < \zeta(3) < \frac{3}{2}$$

が得られる。

式(3.11) の単調性と式(3.12) の有界性より，

$$\lim_{s \to \infty} \zeta(s) = 1$$

と

$$\lim_{s \downarrow 1} \zeta(s) = \infty$$

が得られる。上記2番目から，$\zeta(1) = \infty$ とも表される。

　歴史的には，$\zeta(2)$ の表式を求めることは，18世紀の難問であったが，ついに1735年頃，オイラーが

$$\zeta(2) = \sum_{n=1}^{\infty} \frac{1}{n^2} = \frac{\pi^2}{6} = 1.6449340668482264436\ldots.$$

を見出した。

問題3.4.1　(1) 任意の $n = 1, 2, \ldots$ に対して，$4^n \geq (n+1)^2$ を示せ。

(2) $\zeta(2) \geq \dfrac{4}{3} = 1.333\ldots$ を示せ。

解答3.4.1　(1) 帰納法による。$n = 1$ のときは，$4^1 = 2^2$ で成立している。$n = k$ のとき成立しているとして，$n = k+1$ のときを示そう。実際，帰納法の仮定より

$$4^{k+1} = 4 \times 4^k \geq 4 \times (k+1)^2$$

が導かれる。さらに，$4 \times (k+1)^2 \geq (k+2)^2$ に注意すると，

$$4^{k+1} = 4 \times 4^k \geq 4 \times (k+1)^2 \geq (k+2)^2$$

が得られ，求めたかった評価，$4^{k+1} \geq (k+2)^2$，が導かれた。

(2) (1) の評価を用いると，

$$\zeta(2) = \sum_{n=1}^{\infty} \frac{1}{n^2} \geq \sum_{n=1}^{\infty} \frac{1}{4^{n-1}} = \sum_{n=0}^{\infty} \frac{1}{4^n} = \frac{4}{3}.$$

実は，現在では s が偶数の場合に対しては，以下のように具体的に求められている[1]。

$$\zeta(4) = \sum_{n=1}^{\infty} \frac{1}{n^4} = \frac{\pi^4}{90} = 1.082323233711138191\ldots,$$

$$\zeta(6) = \sum_{n=1}^{\infty} \frac{1}{n^6} = \frac{\pi^6}{945} = 1.017343061984449139\ldots,$$

$$\zeta(8) = \sum_{n=1}^{\infty} \frac{1}{n^8} = \frac{\pi^8}{9450} = 1.004077356197944339\ldots,$$

$$\zeta(10) = \sum_{n=1}^{\infty} \frac{1}{n^{10}} = \frac{\pi^{10}}{93555} = 1.000994575127818085\ldots,$$

$$\zeta(12) = \sum_{n=1}^{\infty} \frac{1}{n^{12}} = \frac{691\pi^{12}}{638512875} = 1.000246086553308048\ldots,$$

$$\zeta(14) = \sum_{n=1}^{\infty} \frac{1}{n^{14}} = \frac{2\pi^{14}}{18243225} = 1.000061248135058704\ldots\ldots$$

このとき，$\zeta(s)$ の s が偶数のときには，$\zeta(s)$ の具体的な表式が得られている。そのために，B_n ベルヌーイ数（Bernoulli

---

*1 例えば，s が偶数で小さい値の場合，オイラーによって計算されている。

number) と呼ばれる数を準備する。この数は，以下で定める
ベルヌーイ多項式 (Bernoulli polynomial) $B_n(x)$ の $x = 0$ での
値 $B_n = B_n(0)$
である。

$$\frac{te^{xt}}{e^t - 1} = \sum_{n=0}^{\infty} B_n(x) \frac{t^n}{n!}.$$

即ち，

$$\frac{t}{e^t - 1} = \sum_{n=0}^{\infty} B_n \frac{t^n}{n!}. \tag{3.13}$$

が成り立つ。具体的な B_n の値は，例えば，

$$B_0 = B_0(0) = 1, \quad B_1 = B_1(0) = -\frac{1}{2}, \quad B_2 = B_2(0) = \frac{1}{6}, \ldots.$$

となる[2]。このベルヌーイ数を用いると，以下の結果が導かれ
る。

定理3.4.1　一般に，$k = 0, 1, 2, \ldots$ に対して，

$$\zeta(2k) = \frac{(-1)^{k+1}(2\pi)^{2k} B_{2k}}{2(2k)!}$$

と表せる。

　例えば，$n = 2$ の $\zeta(2)$ の場合に上の定理の式を使うと，

---

[2] $B_{2n+1}(0) = 0 \ (n \geq 1)$ で，$(-1)^{n+1}B_{2n}(0) > 0 \ (n \geq 1)$ が成り立つ。

$$\zeta(2) = \frac{(-1)^{1+1}(2\pi)^2 B_2}{2(2)!} = \pi^2 B_2 = \frac{\pi^2}{6}$$

となり，$\pi^2/6$ が得られる。

3.5 | 発展編：定理3.4.1 の証明

　この節では，定理3.4.1 の証明の流れを粗く紹介する。まず，$\sin z$ の無限積展開

$$\sin z = z \prod_{r=1}^{\infty}\left(1 - \frac{z^2}{\pi^2 r^2}\right) \tag{3.14}$$

で，$z = u/2i \ (u \in \mathbb{R})$ とおくと，上式の左辺は，

$$\sin z = \sin\left(\frac{u}{2i}\right) = \frac{e^{u/2}\,(1 - e^{-u})}{2i} \tag{3.15}$$

となる。但し，$\mathbb{R}$ は実数全体の集合である。ここで，

$$\sin z = \frac{e^{iz} + e^{-iz}}{2i}$$

の関係を用いた。一方，式(3.14) の右辺は，

$$\frac{u}{2i}\prod_{r=1}^{\infty}\left(1 + \frac{u^2}{4\pi^2 r^2}\right) = \frac{u}{2i}\prod_{r=1}^{\infty}\frac{4\pi^2 r^2 + u^2}{4\pi^2 r^2}$$

となる。故に，式(3.15) と上式 より，

$$e^{u/2} (1 - e^{-u}) = u \prod_{r=1}^{\infty} \frac{4\pi^2 r^2 + u^2}{4\pi^2 r^2}$$

が導かれる。上式の左辺と右辺の対数をとると，

$$\frac{u}{2} + \log(1 - e^{-u}) = \log u + \sum_{r=1}^{\infty} \log\left(\frac{4\pi^2 r^2 + u^2}{4\pi^2 r^2}\right)$$

が得られる。この式の両辺を u で微分して整理すると，

$$\frac{1}{2} + \frac{1}{e^u - 1} = \frac{1}{u} + \sum_{r=1}^{\infty} \frac{2u}{4\pi^2 r^2 + u^2} \tag{3.16}$$

となる。式(3.13) より，

$$\frac{1}{e^u - 1} = \frac{1}{u} \sum_{k=0}^{\infty} B_k \frac{u^k}{k!}$$

なので，これを式(3.16) の左辺に代入すると，

$$\frac{1}{2} + \frac{1}{u} \sum_{k=0}^{\infty} B_k \frac{u^k}{k!} = \frac{1}{u} + \sum_{r=1}^{\infty} \frac{2u}{4\pi^2 r^2 + u^2} \tag{3.17}$$

が導かれる。式(3.17) の左辺で，$B_0 = 1, B_1 = -1/2$ を用いて整理すると，

$$\frac{1}{u} \sum_{k=2}^{\infty} B_k \frac{u^k}{k!} = \sum_{r=1}^{\infty} \frac{2u}{4\pi^2 r^2 + u^2}$$

となる。さらに，

$$\sum_{k=2}^{\infty} B_k \frac{u^k}{k!} = 2 \sum_{r=1}^{\infty} \frac{u^2}{4\pi^2 r^2 + u^2}$$

としておく。以下，上式の右辺を変形していくと，

$$\sum_{k=2}^{\infty} B_k \frac{u^k}{k!} = 2 \sum_{r=1}^{\infty} \left(\frac{u}{2\pi r} \right)^2 \times \frac{1}{1 + \left(\frac{u}{2\pi r} \right)^2}$$

$$= 2 \sum_{r=1}^{\infty} \left(\frac{u}{2\pi r} \right)^2 \times \sum_{n=0}^{\infty} (-1)^n \left(\frac{u}{2\pi r} \right)^{2n}$$

$$= 2 \sum_{n=0}^{\infty} (-1)^n \sum_{r=1}^{\infty} \left(\frac{u}{2\pi r} \right)^{2(n+1)}$$

$$= 2 \sum_{m=1}^{\infty} (-1)^{m+1} \sum_{r=1}^{\infty} \left(\frac{u}{2\pi r} \right)^{2m}$$

$$= 2 \sum_{m=1}^{\infty} (-1)^{m+1} \left(\frac{u}{2\pi} \right)^{2m} \times \sum_{r=1}^{\infty} \frac{1}{r^{2m}}$$

が得られる。故に，最後の式に $\zeta(2m)$ の定義を用いると，

$$\sum_{k=2}^{\infty} B_k \frac{u^k}{k!} = 2 \sum_{m=1}^{\infty} (-1)^{m+1} \left(\frac{1}{2\pi} \right)^{2m} \zeta(2m) \, u^{2m}$$

が導かれる。この両辺の u^{2k} の係数を比較すると，

$$\frac{B_{2k}}{(2k)!} = 2 \times \frac{(-1)^{k+1}}{(2\pi)^{2k}} \zeta(2k)$$

が得られるので，欲しかった式

$$\zeta(2k) = \frac{(-1)^{k+1} (2\pi)^{2k} B_{2k}}{2(2k)!}$$

を得る。以上で証明を終わる。

一方，$s = 2n + 1 \, (n \geq 1)$ の奇数の場合には，偶数のときのような表現は知られていない。

$$\zeta(3) = \sum_{n=1}^{\infty} \frac{1}{n^3} = 1.202056903159594285\ldots,$$

$$\zeta(5) = \sum_{n=1}^{\infty} \frac{1}{n^5} = 1.036927755143369926\ldots,$$

$$\zeta(7) = \sum_{n=1}^{\infty} \frac{1}{n^7} = 1.008349277381922826\ldots,$$

$$\zeta(9) = \sum_{n=1}^{\infty} \frac{1}{n^9} = 1.002008392826082214\ldots,$$

$$\zeta(11) = \sum_{n=1}^{\infty} \frac{1}{n^{11}} = 1.000494188604119464\ldots,$$

$$\zeta(13) = \sum_{n=1}^{\infty} \frac{1}{n^{13}} = 1.000122713347578489\ldots,$$

$$\zeta(15) = \sum_{n=1}^{\infty} \frac{1}{n^{15}} = 1.000030588236307020\ldots.$$

以上から，偶数と奇数の場合の数値をまとめて書いてみる。

$$\zeta(2) = 1.644934066848226436\ldots,$$

$$\zeta(3) = 1.202056903159594285\ldots,$$

$$\zeta(4) = 1.082323233711138191\ldots,$$

$$\zeta(5) = 1.036927755143369926\ldots,$$

$$\zeta(6) = 1.017343061984449139\ldots,$$

$$\zeta(7) = 1.008349277381922826\ldots,$$

$$\zeta(8) = 1.004077356197944339\ldots,$$

$$\zeta(9) = 1.002008392826082214\ldots,$$

$$\zeta(10) = 1.000994575127818085\ldots,$$

$$\zeta(11) = 1.000494188604119464\ldots,$$

$$\zeta(12) = 1.000246086553308048\ldots,$$

$$\zeta(13) = 1.000122713347578489\ldots,$$

$$\zeta(14) = 1.000061248135058704\ldots,$$

$$\zeta(15) = 1.000030588236307020\ldots.$$

そこで，例えば，「ある自然数 N が存在して，$\zeta(3) = \pi^3/N$ となる」と仮定してみて，以下の計算をすると，残念ながらそのような自然数は存在しないことが分かる。

$$\pi^3/\zeta(3) = 25.79435016661868401\ldots.$$

同様のことを試みると，最初の数個だけであるが，下記のようにどうもうまくいかないようである。

$$\pi^5/\zeta(5) = 295.1215099290788143\ldots,$$

$$\pi^7/\zeta(7) = 2995.284764440629874\ldots,$$

$$\pi^9/\zeta(9) = 29749.35095041679247\ldots,$$

$$\pi^{11}/\zeta(11) = 294058.6975166356630\ldots.$$

1978 年にロジャー・アペリ（Roger Apery）が「$\zeta(3)$ が無理数である」ことを証明したが[3]，$p \geq 5$ の奇数に対して，$\zeta(p)$ の無理数性は，まだ示されていない。

3.7 | $\zeta(3)$ の無理数性

この節では，Beukers (1979)[5] の証明に従って，$\zeta(2)$ と $\zeta(3)$ の無理数性の証明を解説する。細かくは，Lima (2013)[37] を参考にした。

3.7.1 $\zeta(2)$ の無理数性の証明

ここでは，$\zeta(2)$ の無理数性を証明しよう。これが示されると，$\zeta(2) = \pi^2/6$ の表示が得られているので，π が無理数であることも導かれる。証明のために，以下の命題を示したい。

命題3.7.1 以下を満たす $c > 0, \gamma \in (0, 1)$ と 2 つの整数列 $\{A_n\}$ と $\{B_n\}$ が存在する。

$$0 < |A_n + B_n \zeta(2)| < c \cdot \gamma^n \quad (n = 1, 2, \ldots).$$

これを用いると，次の結論が言える。

---

*3 アペリについて詳しくは，本章最後のコラムを参照して頂きたい。

定理 3.7.2　ζ(2) は無理数である。

何故なら，ζ(2) が有理数であったと仮定すると，ζ(2) = p/q とおける。但し，p, q は互いに素な自然数である。従って，

$$\left| A_n + B_n \frac{p}{q} \right| = \left| \frac{qA_n + pB_n}{q} \right|$$

と変形すると，上記の命題からこの値は正なので，$|qA_n + pB_n| > 0$ となる。一方，$p, q \in \mathbb{Z}_>, A_n, B_n \in \mathbb{Z}$ なので，$|qA_n + pB_n| \geq 1$。故に，

$$\frac{1}{q} \leq \left| \frac{qA_n + pB_n}{q} \right|.$$

上の式と，再び上記の命題を用いると，

$$\frac{1}{q} \leq \left| \frac{qA_n + pB_n}{q} \right| < c \cdot \gamma^n \quad (n = 1, 2, \ldots)$$

が得られるが，$n \to \infty$ とすると，$c \cdot \gamma^n \to 0$ となるので矛盾が生じる。故に，ζ(2) は無理数であることが導かれる。

このような手法はある数の無理数性を証明する際に有効である。つまり，まとめると，

定理 3.7.3　$x \in \mathbb{R}$ に対して，以下を満たす $c > 0, \gamma \in (0, 1)$ と 2 つの整数列 $\{A_n\}$ と $\{B_n\}$ が存在したとする。

$$0 < |A_n + B_n x| < c \cdot \gamma^n \quad (n = 1, 2, \ldots).$$

このとき，$x \in \mathbb{R}$ は無理数である。

上の定理は，n を無限大にしたときに矛盾を導くように用いるので，n が十分大きいときに成立していればよい。

この定理を用いて，本小節では $\zeta(2)$ の無理数性を，次の小節では $\zeta(3)$ の無理数性の証明をする。具体的には，$\zeta(2)$ と $\zeta(3)$ に対して，それぞれ下記の評価を示す。

$$0 < |A_n + B_n\, \zeta(2)| < 2 \times \left(\frac{7}{8}\right)^n \quad (n = 1, 2, \ldots),$$

$$0 < |A_n + B_n\, \zeta(3)| < 3 \times \left(\frac{4}{5}\right)^n \quad (n = 1, 2, \ldots).$$

それでは，$\zeta(2)$ の無理数性の証明を始めよう。一つ一つのステップは難しくはないが，道のりは多少長い。

まず，$m, n \in \mathbb{Z}_{\geq}$ に対して，次の重積分 I_{mn} を導入し，計算する。

$$I_{mn} = \int_0^1 \int_0^1 \frac{x^m y^n}{1 - xy}\, dx dy.$$

補題3.7.4

$$I_{00} = \int_0^1 \int_0^1 \frac{1}{1 - xy}\, dx dy = \zeta(2).$$

証明

$$I_{00} = \int_0^1 \int_0^1 \sum_{n=0}^{\infty} (xy)^n dxdy = \sum_{n=0}^{\infty} \int_0^1 \int_0^1 (xy)^n dxdy$$

$$= \sum_{n=0}^{\infty} \left(\int_0^1 x^n\, dx \right) \left(\int_0^1 y^n\, dy \right) = \sum_{n=0}^{\infty} \frac{1}{(n+1)^2} = \zeta(2).$$

同様にして，次の補題を得る。

補題3.7.5 $n \in \mathbb{Z}_>$ に対して，

$$I_{nn} = \int_0^1 \int_0^1 \frac{(xy)^n}{1-xy} dxdy = \zeta(2) - \sum_{k=1}^{n} \frac{1}{k^2}.$$

さらに，以下の補題が導かれる。

補題3.7.6 $m, n \in \mathbb{Z}_{\geq}$ かつ $m \neq n$ に対して，

$$I_m = \int_0^1 \int_0^1 \frac{x^m y^n}{1-xy}\, dxdy = \frac{H_m - H_n}{m-n}.$$

但し，

$$H_n = \sum_{k=1}^{n} \frac{1}{k}.$$

証明　一般性を失うことなく，$m > n \geq 0$ を仮定すると，I_{00} と同様に，

$$I_m = \sum_{k=1}^{\infty} \frac{1}{k+m} \frac{1}{k+n}$$

$$= \frac{1}{m-n} \sum_{k=n+1}^{\infty} \left(\frac{1}{k} - \frac{1}{k+(m-n)} \right)$$

$$= \frac{1}{m-n} \left(\frac{1}{n+1} + \frac{1}{n+2} + \cdots + \frac{1}{m} \right) = \frac{H_m - H_n}{m-n}.$$

ここで，$n = 1, 2, \ldots$ に対して，$\{1, 2, \ldots, n\}$ の最小公倍数 (least common multiple) である d_n を導入する。

$$d_n = \mathrm{lcm}\,\{1, 2, \ldots, n\}$$

このとき，$a = \prod p_i^{\alpha_i}$，$b = \prod p_i^{\beta_i}$ のように素因数分解したとすると，

$$\mathrm{lcm}\,\{a, b\} = \prod p_i^{\max\{\alpha_i, \beta_i\}}$$

である。例えば，$a = 2^7 \cdot 3^1 \cdot 5^3$，$b = 2^3 \cdot 3^3 \cdot 7^4$ のとき，$\mathrm{lcm}\,\{a, b\} = 2^7 \cdot 3^3 \cdot 5^3 \cdot 7^4$ となる。また，以下が成り立っていることも簡単に確かめられる。

$$\mathrm{lcm}\,\{a^2, b^2\} = \prod p_i^{2\max\{\alpha_i, \beta_i\}} = (\mathrm{lcm}\{a, b\})^2$$

従って，同様にして，以下の補題が得られることが分かる。

補題3.7.7 $n \in \mathbb{Z}_>$ に対して，
$$d_{n^2} = (d_n)^2.$$

さらに，一般に以下の結果が導かれる。

補題3.7.8 $m, n \in \mathbb{Z}_>$ に対して，
$$d_{n^m} = (d_n)^m.$$

これを用いると，$k = 1, 2, \ldots, n$ に対して，$d_n/k \in \mathbb{Z}_>$ がいえるので，次の補題が得られる。

補題3.7.9 $m, n \in \mathbb{Z}_>$ とする。このとき，$k = 1, 2, \ldots, n$ に

対して,

$$\frac{d_{n^m}}{k^m} \in \mathbb{Z}_>$$

が成り立つ。

この補題 3.7.9 を用いると, 以下の結果が導かれる。

補題3.7.10 $n \in \mathbb{Z}_>$ に対して, $z_n \in \mathbb{Z}_>$ が存在して,

$$I_{nn} = \zeta(2) - \frac{z_n}{(d_n)^2}.$$

証明 補題 3.7.5 より, $n \in \mathbb{Z}_>$ に対して,

$$I_{nn} = \zeta(2) - \sum_{k=1}^{n} \frac{1}{k^2}$$

が成立している。故に,

$$(d_n)^2 \cdot \left(1 + \frac{1}{2^2} + \cdots + \frac{1}{n^2}\right) \in \mathbb{Z}_>$$

を示せばよい。補題 3.7.7 から, $(d_n)^2 = d_{n^2}$ なので,

$$d_{n^2} \cdot \left(1 + \frac{1}{2^2} + \cdots + \frac{1}{n^2}\right) = d_{n^2} + \frac{d_{n^2}}{2^2} + \cdots + \frac{d_{n^2}}{n^2}.$$

ここで, 補題 3.7.9 を用いると, $k = 1, 2, \ldots, n$ に対して,

$$\frac{d_{n^2}}{k^2} \in \mathbb{Z}_>$$

が成り立つ。以上より, 証明が終わる。

さらに，以下の結果も導かれる。

補題3.7.11 $m, n \in \mathbb{Z}_{\geq}$ かつ $m \neq n$ に対して，$z_{mn} \in \mathbb{Z}_{>}$ が存在して，

$$I_{mn} = \frac{z_{mn}}{(d_{n_*})^2}.$$

但し，$n_* = \max\{m, n\}$.

証明 一般性を失うことなく，$m > n \geq 0$ を仮定すると，補題3.7.6の証明から，

$$I_{nn} = \frac{1}{m-n}\left(\frac{1}{n+1} + \frac{1}{n+2} + \cdots + \frac{1}{m}\right)$$

が得られる。よって，

$$(d_m)^2 \cdot I_{nn} = \frac{(d_m)^2}{m-n}\left(\frac{1}{n+1} + \frac{1}{n+2} + \cdots + \frac{1}{m}\right)$$

$$= \frac{d_m}{m-n}\left(\frac{d_m}{n+1} + \frac{d_m}{n+2} + \cdots + \frac{d_m}{m}\right) \in \mathbb{Z}_{>}$$

を示せばよい。補題3.7.9を用いると，$k = 1, 2, \ldots, m$ に対して，

$$\frac{d_m}{k} \in \mathbb{Z}_{>}$$

が得られる。故に，

$$\frac{d_m}{m-n}, \frac{d_m}{n+1}, \frac{d_m}{n+2}, \cdots, \frac{d_m}{m} \in \mathbb{Z}_{>}$$

が成り立つことに注意すると，証明が終わる。

後に使う，以下の補題を用意しておく．

補題3.7.12 n を自然数とし，$\pi(n)$ を n 以下の素数の個数とする．このとき，以下が成り立つ．

$$d_n \leq n^{\pi(n)} < e^{1.06n}.$$

証明 d_n の定義より，

$$d_n = \prod_{p \leq n} p^m.$$

但し，上記の積は n 以下の素数 p に対する積の意味であり，$m = \max_{k \in \mathbb{Z}_>}\{p^k \leq n\}$ とおく．ここで，$p^m \leq n$ なので，$m \leq \log_p n$ より，$m \leq \log n / \log p$. 従って，

$$d_n \leq \prod_{p \leq n} p^{\log n / \log p} = \prod_{p \leq n} \left(e^{\log p}\right)^{\log n / \log p} = \prod_{p \leq n} e^{\log n}$$

$$= \prod_{p \leq n} n = n^{\pi(n)}.$$

故に，

$$d_n \leq n^{\pi(n)}$$

が導かれた．一方，

$$\pi(n) < \frac{1.06n}{\log n}$$

が成り立つことが知られている．例えば，Andrews et al. (1999)[3] の 7.7 節を参照．これを用いると，

$$n^{\pi(n)} < n^{1.06n / \log n} = (e^{\log n})^{1.06n / \log n} = e^{1.06n}$$

となり，証明が終わる。

この結果を用い，$e^{1.06} = 2.8863... < 3$ に注意すると，直ちに次が導かれる。

系3.7.13 $m, n = 1, 2, ...$ に対して，$(d_n)^m < 3^{mn}$ が成り立つ。

以下で用いる記号を整理しておく。デルタ測度 $\delta_x : \delta_x(y) = 1$ $(y = x), = 0$ $(y \neq x)$。また，集合 A と数 x に対して，$Ax = \{ax : a \in A\}$ と表す。例えば，$\mathbb{Z}/(d_n)^2 = \mathbb{Z}(1/(d_n)^2) = \{a/(d_n)^2 : a \in \mathbb{Z}\}$。

これらの記号を用いると，補題3.7.10，補題3.7.11 から，次の補題が得られる。まず，一般に，$a, b \in \mathbb{R}$ に対して，

$$a + b\mathbb{Z} = a + \mathbb{Z}b = \{a + bn : n \in \mathbb{Z}\}$$

の表現を用いることに注意する。

補題3.7.14 $m, n \in \mathbb{Z}_{\geq}$ に対して，

$$I_{mn} \in \delta_m(n)\, \zeta(2) + \frac{\mathbb{Z}}{(d_{n_*})^2}.$$

但し，$n_* = \max\{m, n\}$。また，$d_0 = 1$ とおく。

この補題3.7.14 を用いると，次のような興味深い結果が得られる。まず，整数係数の n 次多項式 $f_n(x), g_n(x)$ を用意する。

$$f_n(x) = \sum_{k=0}^{n} a_k x^k, \quad g_n(x) = \sum_{k=0}^{n} b_k x^k.$$

このとき,

$$\int_0^1 \int_0^1 \frac{f_n(x)\,g_n(y)}{1-xy}\,dxdy = \sum_{k=0}^{n} \sum_{\ell=0}^{n} a_k b_\ell \int_0^1 \int_0^1 \frac{x^k\,y^\ell}{1-xy}\,dxdy$$

$$= \sum_{k=0}^{n} \sum_{\ell=0}^{n} a_k b_\ell I_{k\ell}. \tag{3.18}$$

ここで, 補題 3.7.14 を用いると, $k, \ell \in \{0, 1, \ldots, n\}$ に対して,

$$I_{k\ell} \in \delta_k(\ell)\,\zeta(2) + \frac{\mathbb{Z}}{(d_{\max\{k,\ell\}})^2}$$

が導かれる。つまり,

$$I_{k\ell} \in \mathbb{Z}\,\zeta(2) + \frac{\mathbb{Z}}{(d_{\max\{k,\ell\}})^2} \tag{3.19}$$

さらに, 以下の d_n の定義から導かれる結果に注意する。

補題3.7.15 $m \geq n \geq 0$ に対して,

$$\frac{\mathbb{Z}}{d_n} \subset \frac{\mathbb{Z}}{d_m}.$$

但し, $d_0 = 1$ とおく。

これを用いると, $k, \ell \in \{0, 1, \ldots, n\}$ に対して,

$$\frac{\mathbb{Z}}{d_{max\{k,\ell\}}} \subset \frac{\mathbb{Z}}{d_n}$$

が成り立つ。さらに，$k, \ell \in \{0, 1, \ldots, n\}$ に対して，

$$\frac{\mathbb{Z}}{(d_{max\{k,\ell\}})^2} \subset \frac{\mathbb{Z}}{(d_n)^2} \tag{3.20}$$

が確かめられる。故に，式(3.19)と式(3.20)より，$k, \ell \in \{0, 1, \ldots, n\}$ に対して，

$$I_{k\ell} \in \mathbb{Z}\,\zeta(2) + \frac{\mathbb{Z}}{(d_n)^2}$$

が導かれる。ここで，$a_k, b_\ell \in \mathbb{Z}$ に注意すると，上式から

$$\sum_{k=0}^{n}\sum_{\ell=0}^{n} a_k b_\ell I_{k\ell} \in \mathbb{Z}\,\zeta(2) + \frac{\mathbb{Z}}{(d_n)^2} \tag{3.21}$$

が得られる。一方，式(3.18)より

$$\int_0^1\int_0^1 \frac{f_n(x)g_n(y)}{1-xy}\,dxdy = \sum_{k=0}^{n}\sum_{\ell=0}^{n} a_k b_\ell I_{kl} \tag{3.22}$$

であった。よって，式(3.21)と式(3.22)を組合せると，

$$\int_0^1\int_0^1 \frac{f_n(x)g_n(y)}{1-xy}\,dxdy \in \mathbb{Z}\,\zeta(2) + \frac{\mathbb{Z}}{(d_n)^2}$$

が導かれる。故に，以上をまとめると，次のことが成り立つ。

命題3.7.16 整数係数の n 次多項式 $f_n(x), g_n(x)$ に対して，

$$\int_0^1\int_0^1 \frac{f_n(x)g_n(y)}{1-xy}\,dxdy \in \mathbb{Z}\,\zeta(2) + \frac{\mathbb{Z}}{(d_n)^2}.$$

　次にこの$f_n(x)$の候補として，以下で定められる，$[0, 1]$上のルジャンドル多項式（Legendre polynomial）$\{p_n(x)\}$ $(n = 0, 1, 2, \ldots)$ を採用する。

$$p_n(x) = \frac{1}{n!} \frac{d^n}{dx^n} \left[x^n (1-x)^n \right] \ (n = 0, 1, 2, \ldots). \quad (3.23)$$

この多項式は以下のような組合せ表示もある。

$$p_n(x) = \sum_{k=0}^{n} (-1)^k \binom{n}{k} \binom{n+k}{k} x^k \ (n = 0, 1, 2, \ldots).$$

これより，$p_n(x)$ は整数係数の n 次多項式であることが分かる。ここで，幾つかの性質等を以下に記す。

$$p_n(0) = 1, p_n(1) = (-1)^n, p_n(1-x) = (-1)^n p_n(x) \ (n = 0, 1, 2, \ldots).$$

$$p_0(x) = 1, p_1(x) = 1 - 2x, p_2(x) = 1 - 6x + 6x^2, \ldots.$$

尚，通常使われるのは，$[-1, 1]$上のルジャンドル多項式 $\{P_n(x)\}$ $(n = 0, 1, 2, \ldots)$ で，

$$P_n(x) = \frac{(-1)^n}{2^n n!} \frac{d^n}{dx^n} \left[(1-x^2)^n \right] \ (n = 0, 1, 2, \ldots).$$

　さて，式(3.23)を用い，部分積分を繰り返すと次の結果が得られる。

補題3.7.17 $n \in \mathbb{Z}_>$ とおき，$f : [0, 1] \to \mathbb{R}$ を n 回微分可能な関数とする。このとき，

$$\int_0^1 p_n(x) f(x) \, dx = \frac{(-1)^n}{n!} \int_0^1 x^n (1-x)^n \frac{d^n}{dx^n} f(x) \, dx.$$

ここで，$f(x)$ として次の関数 $h_n(x)$ を採用する。$n \in \mathbb{Z}_>$ に対して，

$$h_n(x) = \int_0^1 \frac{(1-y)^n}{1-xy} \, dy.$$

そして，$n \in \mathbb{Z}_>$ に対して，以下の I_n を考える。

$$I_n = \int_0^1 p_n(x) \, h_n(x) \, dx.$$

従って，

$$I_n = \int_0^1 p_n(x) \, h_n(x) \, dx = \int_0^1 \int_0^1 \frac{p_n(x) \, (1-y)^n}{1-xy} \, dxdy$$

と書き換えられ，$p_n(x)$ も $(1-x)^n$ も整数係数の n 次多項式なので，命題3.7.16 を $f_n(x) = p_n(x), g_n(x) = (1-x)^n$ として用いると，

$$I_n = \int_0^1 p_n(x) \, h_n(x) \, dx = \int_0^1 \int_0^1 \frac{p_n(x) \, (1-y)^n}{1-xy} \, dxdy$$
$$\in \mathbb{Z} \, \zeta(2) + \frac{\mathbb{Z}}{(d_n)^2}$$

が導かれる。つまり，$a_n, b_n \in \mathbb{Z}$ が存在して，

$$I_n = \frac{a_n}{(d_n)^2} + b_n \zeta(2)$$

と表すことができる。一方，補題3.7.17 を用いると，

$$I_n = \int_0^1 p_n(x) h_n(x) \, dx$$

$$= \frac{(-1)^n}{n!} \int_0^1 x^n (1-x)^n \frac{d^n}{dx^n} h_n(x) \, dx$$

$$= \frac{(-1)^n}{n!} \int_0^1 x^n (1-x)^n \frac{d^n}{dx^n} \left(\int_0^1 \frac{(1-y)^n}{1-xy} dy \right) dx$$

$$= \frac{(-1)^n}{n!} \int_0^1 x^n (1-x)^n \left\{ \int_0^1 (1-y)^n \frac{d^n}{dx^n} \left(\frac{1}{1-xy} \right) dy \right\} dx.$$

ここで,

$$\frac{d^n}{dx^n} \left(\frac{1}{1-xy} \right) = \frac{n! y^n}{(1-xy)^{n+1}}$$

に注意すると,

$$I_n = \frac{(-1)^n}{n!} \int_0^1 x^n (1-x)^n \int_0^1 (1-y)^n \frac{n! y^n}{(1-xy)^{n+1}} \, dy dx$$

$$= (-1)^n \int_0^1 \int_0^1 \frac{x^n (1-x)^n y^n (1-y)^n}{(1-xy)^{n+1}} \, dx dy.$$

故に,

$$|I_n| = \int_0^1 \int_0^1 \frac{x^n (1-x)^n y^n (1-y)^n}{(1-xy)^{n+1}} \, dx dy.$$

この形から, 以下が分かる。

$$|I_n| > 0 \ (n = 0, 1, 2, \ldots). \tag{3.24}$$

問題3.7.1 $|I_n|$ $(n = 1, 2, 3)$ を求めよ。

解答3.7.1 $|I_1| = 59/3600$, $|I_2| = 121/235200$,

$|I_3| = 949/51226560$.

次に，$|I_n|$ の適当な上限を求める。

$$|I_n| = \int_0^1 \int_0^1 \left[\frac{x(1-x)y(1-y)}{1-xy} \right]^n \frac{1}{1-xy} dxdy$$

$$\leq \left(\max_{(x,y) \in [0,1)^2} \left[\frac{x(1-x)y(1-y)}{1-xy} \right] \right)^n \int_0^1 \int_0^1 \frac{1}{1-xy} dxdy$$

$$= \left(\max_{(x,y) \in [0,1)^2} \left[\frac{x(1-x)y(1-y)}{1-xy} \right] \right)^n \times \zeta(2).$$

最後の等号は，補題3.7.4 を用いた。

ここで，以下が示せる。

$$\max_{(x,y) \in [0,1)^2} \left[\frac{x(1-x)y(1-y)}{1-xy} \right] = \left(\frac{\sqrt{5}-1}{2} \right)^5.$$

故に，

$$|I_n| \leq \left(\frac{\sqrt{5}-1}{2} \right)^{5n} \times \zeta(2) \ (n = 0, 1, \ldots) \tag{3.25}$$

が成り立つ。

$$I_n = \frac{a_n}{(d_n)^2} + b_n \zeta(2)$$

とおいたので，式(3.24)と式(3.25)を用いると，

$$0 < |I_n| = \left| \frac{a_n}{(d_n)^2} + b_n \zeta\,(2) \right| \leq \left(\frac{\sqrt{5}-1}{2} \right)^{5n} \times \zeta\,(2) \quad (n = 0, 1, \dots)$$

が導かれる。故に，

$$0 < |a_n + b_n (d_n)^2 \zeta\,(2)| \leq (d_n)^2 \times \left(\frac{\sqrt{5}-1}{2} \right)^{5n} \times \zeta\,(2) \quad (n = 0, 1, \dots)$$

が成り立つ。ここで，系 3.7.13 の $(d_n)^2 < 9^n$ と式 (3.12) の $0 < \zeta\,(2) < 2$ と

$$9 \times \left(\frac{\sqrt{5}-1}{2} \right)^5 = 0.8115\dots < 0.875 = \frac{7}{8}$$

の評価を使うと，

$$0 < |a_n + b_n (d_n)^2 \zeta\,(2)| \leq 2 \times \left(\frac{7}{8} \right)^n \quad (n = 0, 1, \dots)$$

が導かれる。ここで，$A_n = a_n$, $B_n = b_n (d_n)^2$, $c = 2$, $\gamma = 7/8$ として，定理 3.7.3 を用いると，$\zeta\,(2)$ が無理数であることが分かる。

問題 3.7.2

$$K_n = \int_0^1 \frac{x^n}{1+x}\, dx \quad (n \in \mathbb{Z}_{\geq})$$

を用いて，$K_0 = \log 2$ が無理数であることを証明せよ。

解答3.7.2　まず，以下の関係式に注意する。

$$K_n = \frac{1}{n} - \frac{1}{n-1} + \frac{1}{n-2} - \cdots + (-1)^{n-1} + (-1)^n \log 2 \quad (n \in \mathbb{Z}_>).$$

次に，$k = 1, 2, \ldots, n$ に対して，$d_n/k \in \mathbb{Z}_>$ に注意すると，

$$d_n \cdot \left(\frac{1}{n} - \frac{1}{n-1} + \frac{1}{n-2} - \cdots + (-1)^{n-1} \right)$$

$$= \frac{d_n}{n} - \frac{d_n}{n-1} + \frac{d_n}{n-2} - \cdots + (-1)^{n-1} d_n \in \mathbb{Z}_>$$

が成り立つ。故に，任意の $n \in \mathbb{Z}_\geq$ に対して，$z_n \in \mathbb{Z}$ が存在して，

$$K_n = (-1)^n \log 2 + \frac{z_n}{d_n}.$$

つまり，

$$K_n \in (-1)^n \log 2 + \frac{\mathbb{Z}}{d_n}.$$

よって，

$$L_n = \int_0^1 \frac{p_n(x)}{1+x}\, dx$$

とおく。ここで，$p_n(x)$ を $[0,1]$ 上のルジャンドル多項式とする。このとき，

$$p_n(x) = \sum_{k=0}^n a_k x^k \quad (a_k \in \mathbb{Z})$$

と表せる。従って,

$$L_n = \sum_{k=0}^{n} a_k \int_0^1 \frac{x^k}{1+x}\,dx = \sum_{k=0}^{n} a_k K_k$$

が成り立つ。故に,$k = 0, 1, \ldots, n$ に対して,

$$K_k \in \mathbb{Z}\log 2 + \frac{\mathbb{Z}}{d_k}$$

と

$$\frac{\mathbb{Z}}{d_{k_1}} \subset \frac{\mathbb{Z}}{d_{k_2}} \quad (k_1 \leq k_2)$$

に注意すると,

$$L_n \in \mathbb{Z}\log 2 + \frac{\mathbb{Z}}{d_n}$$

が成立する。ここで,$d_0 = 1$ とおいた。つまり,$a_n, b_n \in \mathbb{Z}$ が存在して,

$$L_n = \frac{a_n}{d_n} + b_n \log 2 \tag{3.26}$$

と表せる。一方,補題3.7.17 を用いると,

$$L_n = \int_0^1 \frac{p_n(x)}{1+x}\,dx$$

$$= \frac{(-1)^n}{n!} \int_0^1 x^n (1-x)^n \frac{d^n}{dx^n}\left(\frac{1}{1+x}\right) dx$$

$$= \int_0^1 \left\{ \frac{x(1-x)}{1+x} \right\}^n \times \frac{dx}{1+x}.$$

これより，$L_n > 0$ が導かれる。さらに，

$$L_n = \int_0^1 \left\{ \frac{x(1-x)}{1+x} \right\}^n \times \frac{dx}{1+x}$$

$$\leq \left(\max_{x \in [0,1]} \left\{ \frac{x(1-x)}{1+x} \right\} \right)^n \times \int_0^1 \frac{dx}{1+x}$$

$$= (3 - 2\sqrt{2})^n \times \log 2.$$

ここで，

$$\max_{x \in [0,1]} \left\{ \frac{x(1-x)}{1+x} \right\} = 3 - 2\sqrt{2}$$

を用いた。以上から，式(3.26)，$L_n > 0$，$\log 2 < 1$ と上式より，

$$0 < |L_n| = \left| \frac{a_n}{d_n} + b_n \log 2 \right| \leq (3 - 2\sqrt{2})^n \times 1$$

よって，補題3.7.12 から，$d_n < 3^n$ が成り立っているので，

$$0 < |a_n + b_n d_n \log 2| \leq \{3(3 - 2\sqrt{2})\}^n$$

が導かれる。ここで，$A_n = a_n$，$B_n = b_n d_n$，$c = 1$，$\gamma = 3(3 - 2\sqrt{2})$ $= 0.51471\ldots \in (0, 1)$ として，定理3.7.3 を用いると，$\log 2$ が無理数であることが分かる。

3.7.2 発展編：$\zeta(3)$ の無理数性の証明

まず，$\zeta(2)$ の場合と同様に，$m, n \in \mathbb{Z}_{\geq}$ に対して，次の重

積分 J_{mn} を導入する。

$$J_{mn} = -\int_0^1 \int_0^1 \frac{x^m y^n \log(xy)}{1-xy}\, dxdy.$$

補題3.7.18

$$J_{00} = -\int_0^1 \int_0^1 \frac{\log(xy)}{1-xy}\, dxdy = 2\,\zeta(3).$$

証明

$$J_{00} = -\int_0^1 \int_0^1 \sum_{n=0}^\infty (xy)^n \log(xy)\, dxdy$$

$$= -\sum_{n=0}^\infty \int_0^1 \int_0^1 (xy)^n \log(xy)\, dxdy$$

$$= -2\sum_{n=0}^\infty \left(\int_0^1 x^n \log x\, dx\right)\left(\int_0^1 y^n\, dy\right) = 2\sum_{n=0}^\infty \frac{1}{(n+1)^3} = 2\,\zeta(3).$$

同様にして，次の補題を得る。

補題3.7.19　$n \in \mathbb{Z}_>$ に対して，

$$J_{nn} = -\int_0^1 \int_0^1 \frac{(xy)^n \log(xy)}{1-xy}\, dxdy = 2\,\zeta(3) - 2\sum_{k=1}^n \frac{1}{k^3}.$$

さらに，以下の補題が導かれる。

補題3.7.20　$m, n \in \mathbb{Z}_\geq$ かつ $m \neq n$ に対して，

$$J_{mn} = -\int_0^1 \int_0^1 \frac{x^m y^n \log(xy)}{1-xy}\, dxdy = \frac{H_m^{(2)} - H_n^{(2)}}{m-n}.$$

但し，

$$H_n^{(2)} = \sum_{k=1}^{n} \frac{1}{k^2} .$$

証明 一般性を失うことなく，$m > n \geq 0$ を仮定すると，J_{00} と同様に，

$$J_{mn} = \sum_{k=1}^{\infty} \frac{1}{k+m} \frac{1}{k+n}$$

$$= \frac{1}{m-n} \sum_{k=n+1}^{\infty} \left(\frac{1}{k^2} - \frac{1}{(k+(m-n))^2} \right)$$

$$= \frac{1}{m-n} \left(\frac{1}{(n+1)^2} + \frac{1}{(n+2)^2} + \cdots + \frac{1}{m^2} \right) = \frac{H_m^{(2)} - H_n^{(2)}}{m-n} .$$

さらに，以下の結果が導かれる。

補題3.7.21 $n \in \mathbb{Z}_>$ に対して，$z_n \in \mathbb{Z}_>$ が存在して，

$$J_{nn} = 2\,\zeta(3) - \frac{z_n}{(d_n)^3} .$$

証明 補題3.7.5 より，$n = 1, 2, \ldots$ に対して，

$$J_{nn} = 2\,\zeta(3) - 2 \sum_{k=1}^{n} \frac{1}{k^3}$$

が成立している。故に，

$$(d_n)^3 \cdot \left(1 + \frac{1}{2^3} + \cdots + \frac{1}{n^3} \right) \in \mathbb{Z}_>$$

を示せばよい。補題3.7.8 から，$(d_n)^3 = d_{n^3}$ なので，

$$d_{n^3} \cdot \left(1 + \frac{1}{2^3} + \cdots + \frac{1}{n^3}\right) = d_{n^3} + \frac{d_{n^3}}{2^3} + \cdots + \frac{d_{n^3}}{n^3}$$

ここで，補題 3.7.9 を用いると，$k = 1, 2, \ldots, n$ に対して，

$$\frac{d_{n^3}}{k^3} \in \mathbb{Z}_>$$

が成り立つことに注意すると，証明が終わる。

さらに，以下の結果も導かれる。

補題 3.7.22　$m, n \in \mathbb{Z}_{\geq}$ かつ $m \neq n$ に対して，$z_{mn} \in \mathbb{Z}_>$ が存在して，

$$J_{mn} = \frac{z_{mn}}{(d_{n_*})^3} .$$

但し，$n_* = \max\{m, n\}$.

証明　一般性を失うことなく，$m > n \geq 0$ を仮定すると，補題 3.7.20 の証明から，

$$J_{mn} = \frac{1}{m-n}\left(\frac{1}{(n+1)^2} + \frac{1}{(n+2)^2} + \cdots + \frac{1}{m^2}\right)$$

が得られる。よって，

$$(d_m)^3 \cdot J_{mn} = \frac{(d_m)^3}{m-n}\left(\frac{1}{(n+1)^2} + \frac{1}{(n+2)^2} + \cdots + \frac{1}{m^2}\right)$$

$$= \frac{d_m}{m-n}\left(\frac{(d_m)^2}{(n+1)^2} + \frac{(d_m)^2}{(n+2)^2} + \cdots + \frac{(d_m)^2}{m^2}\right) \in \mathbb{Z}_>$$

を示せばよい。補題 3.7.9 を用いると，

$$\frac{d_m}{m-n}, \frac{(d_m)^2}{(n+1)^2}, + \frac{(d_m)^2}{(n+2)^2}, \cdots, \frac{(d_m)^2}{m^2} \in \mathbb{Z}_{>}$$

が成り立つことに注意すると，証明が終わる。

補題 3.7.21，補題 3.7.22 から，次の結果が得られる．

補題 3.7.23 $m, n \in \mathbb{Z}_{\geq}$ に対して，

$$J_{mn} \in \mathbb{Z}\,\zeta(3) + \frac{\mathbb{Z}}{(d_{n_*})^3}.$$

但し，$n_* = \max\{m, n\}$. また，$d_0 = 1$ とおく。

この命題を用いるために，$\zeta(2)$ の場合と同様に，以下の整数係数の n 次多項式 $f_n(x), g_n(x)$ を用意する。

$$f_n(x) = \sum_{k=0}^{n} a_k x^k, \quad g_n(x) = \sum_{k=0}^{n} b_k x^k.$$

このとき，

$$\int_0^1\int_0^1 \frac{f_n(x)g_n(y)\log(xy)}{1-xy}dxdy = \sum_{k=0}^{n}\sum_{\ell=0}^{n} a_k b_\ell \int_0^1\int_0^1 \frac{x^k y^\ell \log(xy)}{1-xy}dxdy$$

$$= -\sum_{k=0}^{n}\sum_{k=0}^{n} a_k b_\ell J_{k\ell}.$$

ここで，補題 3.7.23 から，$k, \ell = 0, 1, \ldots, n$ に対して，

$$J_{k\ell} \in \mathbb{Z}\,\zeta(3) + \frac{\mathbb{Z}}{(d_n)^3}$$

が導かれる。故に，以下が成り立つ。

命題3.7.24　整数係数の n 次多項式 $f_n(x), g_n(x)$ に対して,

$$\int_0^1 \int_0^1 \frac{f_n(x)g_n(y)\log(xy)}{1-xy}\,dxdy \in \mathbb{Z}\,\zeta(3) + \frac{\mathbb{Z}}{(d_n)^3}.$$

ここで, $\zeta(2)$ の場合と同様に, $n \in \mathbb{Z}_>$ に対して,

$$h_n(x) = -\int_0^1 p_n(y)\,\frac{\log(xy)}{1-xy}\,dy$$

とおく。但し, $p_n(x)$ は $[0,1]$ 上の n 次のルジャンドル多項式である。そして, $n \in \mathbb{Z}_>$ に対して, 以下の J_n を考える。

$$J_n = \int_0^1 p_n(x)\,h_n(x)\,dx.$$

従って,

$$J_n = \int_0^1 p_n(x)\,f_n(x)\,dx = -\int_0^1 \int_0^1 \frac{p_n(x)p_n(y)\log(xy)}{1-xy}dxdy$$

と書き換えられ, $p_n(x)$ は整数係数の n 次多項式なので, 命題 3.7.24 を $f_n(x) = g_n(x) = (1-x)^n$ として用いると,

$$J_n = \int_0^1 p_n(x)f_n(x)\,dx = -\int_0^1 \int_0^1 \frac{p_n(x)p_n(y)\log(xy)}{1-xy}dxdy$$

$$\in \mathbb{Z}\,\zeta(3) + \frac{\mathbb{Z}}{(d_n)^3}$$

が導かれる。つまり, $a_n, b_n \in \mathbb{Z}$ が存在して,

$$J_n = \frac{a_n}{(d_n)^3} + b_n\,\zeta(3) \tag{3.27}$$

と表すことができる。一方,

$$J_n = \int_0^1 p_n(x) h_n(x) dx$$

$$= \int_0^1 \int_0^1 p_n(x) \, p_n(y) \left\{ -\frac{\log(xy)}{1 - xy} \right\} dx dy$$

$$= \int_0^1 \int_0^1 p_n(x) \, p_n(y) \left\{ \int_0^1 \frac{1}{1 - (1 - xy)z} \, dz \right\} dx dy$$

$$= (-1)^n \int_0^1 \int_0^1 \int_0^1 \frac{p_n(x) \, p_n(y)}{1 - [1 - (1 - x)y]z} \, dz dy dz.$$

ここで，3番目の等号では，以下の関係を使った。

$$\int_0^1 \frac{1}{1 - (1 - y)x} \, dx = -\frac{\log y}{1 - y}.$$

また，最後の等号では，$p_n(1 - x) = (-1)^n p_n(x)$ を用いた。さらに，

$$\int_0^1 \frac{1}{1 - [1 - (1 - x)y]z} \, dz = \int_0^1 \frac{1}{[1 - (1 - z)x][1 - (1 - y)z]} \, dz$$

に注意すると，

$$J_n = (-1)^n \int_0^1 \int_0^1 \int_0^1 \frac{p_n(x) \, p_n(y)}{[1 - (1 - z)x][1 - (1 - y)z]} \, dx dy dz.$$

よって，以下のように書きかえる。

$$J_n = (-1)^n \int_0^1 \int_0^1 \int_0^1 \frac{g(x, y, z)^n}{[1 - (1 - z)x](1 - yz)} \, dx dy dz.$$

但し，

$$g(x, y, z) = \frac{x(1-x)\,y(1-y)\,z(1-z)}{[1-(1-z)x]\,(1-yz)} \ .$$

故に,

$$|J_n| = \int_0^1 \int_0^1 \int_0^1 \frac{g(x, y, z)^n}{[1-(1-z)x]\,(1-yz)}\, dxdydz.$$

この形から, 以下が分かる。

$$|J_n| > 0 \quad (n = 0, 1, 2, \ldots). \tag{3.28}$$

次に, $|J_n|$ の適当な上限を求める。

$$|J_n| = \int_0^1 \int_0^1 \int_0^1 \frac{g(x, y, z)^n}{[1-(1-z)x]\,(1-yz)}\, dxdydz.$$

$$\leq (\max_{(x,y,z)\in[0,1)^3} g(x, y, z)^n) \int_0^1 \int_0^1 \int_0^1 \frac{1}{[1-(1-z)x](1-yz)}\, dxdydz$$

$$= g(2-\sqrt{2}, 2-\sqrt{2}, 1/2)^n \times J_{00}$$

$$= (17-12\sqrt{2})^n \times (2\zeta(3))$$

ここで, 以下を用いた。

$$\max_{(x,y,z)\in[0,1)^3} g(x, y, z) = g(2-\sqrt{2}, 2-\sqrt{2}, 1/2) = 17-12\sqrt{2}.$$

故に,

$$|J_n| \leq (17-12\sqrt{2})^n \times (2\,\zeta(3)) \quad (n = 0, 1, \ldots) \tag{3.29}$$

が成り立つ。式 (3.27) で示したように,

$$J_n = \frac{a_n}{(d_n)^3} + b_n\,\zeta(3)$$

とおいたので, 式 (3.28) と式 (3.29) を用いると,

$$0 < |J_n| = \left| \frac{a_n}{(d_n)^3} + b_n \zeta(3) \right| \leq (17 - 12\sqrt{2})^n \times (2\zeta(3)) \ (n = 0, 1, \ldots)$$

が導かれる。故に,

$$0 < |a_n + b_n (d_n)^3 \zeta(3)| \leq (d_n)^3 \times (17 - 12\sqrt{2})^n \times (2\zeta(3)) \ (n = 0, 1, \ldots)$$

が成り立つ。ここで,系3.7.13 の $(d_n)^3 < 27^n$ と式 (3.12) の $0 < \zeta(3) < 3/2$ と

$$27 \times (17 - 12\sqrt{2}) = 0.79480... < \frac{4}{5}$$

の評価を使うと,

$$0 < |a_n + b_n (d_n)^3 \zeta(3)| \leq 3 \times \left(\frac{4}{5} \right)^n \ (n = 0, 1, \ldots)$$

が導かれる。ここで,$A_n = a_n$, $B_n = b_n (d_n)^3$, $c = 3$, $\gamma = 4/5$ として,定理 3.7.3 を用いると,$\zeta(3)$ が無理数であることが分かる。

3.8 | 発展編：$\zeta(2)$ を求める幾つかの手法

　この節は,表題のように $\zeta(2) = \pi^2/6$ を導く様々な手法を説明しよう。尚,Aigner and Ziegler (2018)[2] の 9 章も参考となるだろう。

3.8.1　発見論的手法

最初にオイラーによる厳密ではないが「鮮やかな」導出方法について紹介する。まず，$\sin x = 0$ の解は，$x = \pm n\pi$ であることに着目する。但し，$n \in \mathbb{Z}_{\geq}$ である。よって，形式的に

$$\sin x = x \prod_{n=1}^{\infty}\left(1 - \frac{x^2}{n^2\pi^2}\right)$$

と表される。何故なら，粗く言うと，$c \neq 0$ を定数として，

$$\sin x = cx \times \prod_{n=1}^{\infty}\left(1 - \frac{x^2}{n^2\pi^2}\right)$$

と表すとき，

$$\frac{\sin x}{x} = c \times \prod_{n=1}^{\infty}\left(1 - \frac{x^2}{n^2\pi^2}\right)$$

なので，$x \to 0$ とし，$c = 1$ を得る。従って，

$$\frac{\sin x}{x} = \prod_{n=1}^{\infty}\left(1 - \frac{x^2}{n^2\pi^2}\right) = 1 - \sum_{n=1}^{\infty}\frac{1}{n^2\pi^2}\,x^2 + \cdots.$$

一方，$\sin x / x$ のテイラー展開は，

$$\frac{\sin x}{x} = 1 - \frac{x^2}{6} + \frac{x^4}{120} - \cdots.$$

両式の x^2 の係数は等しいので，

$$\frac{1}{\pi^2}\sum_{n=1}^{\infty}\frac{1}{n^2} = \frac{1}{6}.$$

上式より，求めたかった$\zeta(2) = \pi^2/6$ が導かれる。

3.8.2 重積分による方法

まず次の重積分を考える。

$$I = \int_{-1}^{1} \int_{-1}^{1} \frac{1}{y^2 - 2xy + 1} \, dx dy.$$

この積分の順序を変えることにより，$\zeta(2) = \pi^2/6$ を導きだそうというのがアイデアである。実際，$x \in (-1, 1)$ に対して，

$$\int_{-1}^{1} \frac{dy}{y^2 - 2xy + 1} = \int_{-1}^{1} \frac{dy}{(y-x)^2 + 1 - x^2}$$

$$= \int_{-1-x}^{1-x} \frac{du}{u^2 + 1 - x^2}$$

$$= \frac{1}{\sqrt{1-x^2}} \left[\arctan\left(\frac{u}{\sqrt{1-x^2}} \right) \right]_{-1-x}^{1-x}$$

$$= \frac{1}{\sqrt{1-x^2}} \left\{ \arctan\left(\frac{1-x}{\sqrt{1-x^2}} \right) + \arctan\left(\frac{1+x}{\sqrt{1-x^2}} \right) \right\}$$

$$= \frac{1}{\sqrt{1-x^2}} \left\{ \arctan\left(\sqrt{\frac{1-x}{1+x}} \right) + \arctan\left(\sqrt{\frac{1+x}{1-x}} \right) \right\}.$$

但し，3番目の等号は，以下の公式より得られた。

$$\int \frac{dx}{x^2 + c^2} = \frac{1}{c} \arctan\left(\frac{x}{c} \right) \quad (c > 0).$$

ここで，$\alpha > 0$ に対して，$\arctan(\alpha) + \arctan(\alpha^{-1}) = \pi/2$ が成

り立つことに注意する。これは，一般に $\arctan(\alpha) + \arctan(\beta)$ $= (\alpha + \beta)/(1 - \alpha\beta)$ が成立するので，これより導かれる。

$$I = \frac{\pi}{2} \int_{-1}^{1} \frac{1}{\sqrt{1 - x^2}} \, dx = \frac{\pi}{2} \left[\arcsin(x) \right]_{-1}^{1} = \frac{\pi^2}{2}.$$

一方，$y \in (-1, 1)$ に対して，

$$\int_{-1}^{1} \frac{dx}{y^2 - 2xy + 1} = \left[-\frac{1}{2y} \log(y^2 - 2xy + 1) \right]_{-1}^{1}$$

$$= -\frac{1}{2y} \{ \log(1 + y)^2 - \log(1 - y)^2 \}$$

$$= \frac{1}{y} \{ \log(1 + y) - \log(1 - y) \}$$

$$= \frac{1}{y} \left\{ \left(y - \frac{y^2}{2} + \frac{y^3}{3} - \frac{y^4}{4} + \cdots \right) \right.$$

$$\left. - \left(-y - \frac{y^2}{2} - \frac{y^3}{3} - \frac{y^4}{4} - \cdots \right) \right\}$$

$$= 2 \left(1 + \frac{y^2}{3} + \frac{y^4}{5} + \frac{y^6}{7} + \cdots \right).$$

故に，

$$I = 2 \int_{-1}^{1} \left(1 + \frac{y^2}{3} + \frac{y^4}{5} + \frac{y^6}{7} + \cdots \right) dy$$

$$= 4 \left(1 + \frac{1}{3^2} + \frac{1}{5^2} + \frac{1}{7^2} + \cdots \right)$$

$$= 4 \sum_{k=0}^{\infty} \frac{1}{(2k+1)^2} \, .$$

以上から，

$$I = \frac{\pi^2}{2} = 4 \sum_{k=0}^{\infty} \frac{1}{(2k+1)^2}$$

が導かれた。よって，

$$\sum_{k=0}^{\infty} \frac{1}{(2k+1)^2} = \frac{\pi^2}{8}$$

を得る。これを用いると，

$$\zeta(2) = \sum_{k=1}^{\infty} \frac{1}{(2k)^2} + \sum_{k=0}^{\infty} \frac{1}{(2k+1)^2}$$

$$= \frac{1}{4} \zeta(2) + \frac{\pi^2}{8}$$

が得られるので，

$$\frac{3}{4} \times \zeta(2) = \frac{\pi^2}{8} \, .$$

従って，求めたい結論，

$$\zeta(2) = \frac{\pi^2}{6}$$

を得る。

Matsuoka 氏の方法

　この小節の手法は Yoshio Matsuoka (1961)[39] による初等的な証明である。幾つかのステップに分ける。

　まず，以下の積分に注意する。

$$\int_0^{\pi/2} (\cos x)^{2n}\, dx = \frac{(2n-1)!!}{(2n)!!} \cdot \frac{\pi}{2}. \tag{3.30}$$

但し，$n \in \mathbb{Z}_>$ に対して，

$$(2n)!! = (2n)(2n-2)\cdots 4\cdot 2,$$

$$(2n-1)!! = (2n-1)(2n-3)\cdots 3\cdot 1, \quad 0!! = (-1)!! = 1.$$

次に，$n \in \mathbb{Z}_>$ に対して，

$$I_{2n} = \int_0^{\pi/2} x^2 (\cos x)^{2n}\, dx$$

とおく。例えば，

$$I_0 = \int_0^{\pi/2} x^2\, dx = \frac{\pi^3}{24} \tag{3.31}$$

である。このとき，部分積分をくり返し行うと，

$$\int_0^{\pi/2} (\cos x)^{2n}\, dx = n \int_0^{\pi/2} (2x)(\cos x)^{2n-1}\sin x\, dx$$

$$= n\Big\{ (2n-1) \int_0^{\pi/2} x^2 (\cos x)^{2n-2}\, dx$$

$$- (2n-1) \int_0^{\pi/2} x^2 (\cos x)^{2n} dx - \int_0^{\pi/2} x^2 (\cos x)^{2n} dx \Big\}$$

$$= -2n^2 I_{2n} + n(2n-1) I_{2n-2}$$

が得られる。故に,

$$\int_0^{\pi/2} (\cos x)^{2n} dx = -2n^2 I_{2n} + n(2n-1) I_{2n-2}$$

となる。上式に式(3.30) を代入すると,

$$-2n^2 I_{2n} + n(2n-1) I_{2n-2} = \frac{(2n-1)!!}{(2n)!!} \cdot \frac{\pi}{2}$$

が得られ, さらに,

$$\frac{(2n)!!}{(2n-1)!!} I_{2n} - \frac{(2n-2)!!}{(2n-3)!!} I_{2n-2} = -\frac{\pi}{4n^2}$$

となる。これを用いると,

$$\sum_{k=1}^n \left\{ \frac{(2k)!!}{(2k-1)!!} I_{2k} - \frac{(2k-2)!!}{(2k-3)!!} I_{2k-2} \right\} = -\frac{\pi}{4} \sum_{k=1}^n \frac{1}{k^2}.$$

故に, 上式より以下が得られる。

$$\frac{(2n)!!}{(2n-1)!!} I_{2n} - \frac{0!!}{(-1)!!} I_0 = -\frac{\pi}{4} \sum_{k=1}^n \frac{1}{k^2}.$$

さらに, 式(3.31) と $I_{2n} \geq 0$ を用いると,

$$\frac{(2n)!!}{(2n-1)!!} I_{2n} = \frac{\pi^3}{24} - \frac{\pi}{4} \sum_{k=1}^n \frac{1}{k^2} = \frac{\pi}{4} \left(\frac{\pi^2}{6} - \sum_{k=1}^n \frac{1}{k^2} \right) \geq 0.$$

従って,

$$0 \leq \frac{\pi^2}{6} - \sum_{k=1}^{n} \frac{1}{k^2} = \frac{4}{\pi} \times \frac{(2n)!!}{(2n-1)!!} I_{2n}.$$

故に,

$$\lim_{n \to \infty} \frac{(2n)!!}{(2n-1)!!} I_{2n} = 0 \tag{3.32}$$

が示されれば, 求めたかった

$$\zeta(2) = \sum_{k=1}^{\infty} \frac{1}{k^2} = \frac{\pi^2}{6}$$

が導かれることになる。以下で, 式 (3.32) を示す。まず, 次の不等式が成り立つことに注意する。

$$0 \leq x \leq \frac{\pi}{2} \sin x \qquad \left(0 \leq x \leq \frac{\pi}{2}\right).$$

これを用いると,

$$I_{2n} = \int_0^{\pi/2} x^2 (\cos x)^{2n} \, dx$$

$$\leq \left(\frac{\pi}{2}\right)^2 \times \int_0^{\pi/2} (\sin x)^2 (\cos x)^{2n} \, dx$$

$$= \frac{\pi^2}{4} \left\{ \int_0^{\pi/2} (\cos x)^{2n} \, dx - \int_0^{\pi/2} (\cos x)^{2n+2} \, dx \right\}.$$

ここで, 式 (3.30) を代入すると,

$$I_{2n} \leq \frac{\pi^3}{8} \left\{ \frac{(2n-1)!!}{(2n)!!} - \frac{(2n+1)!!}{(2n+2)!!} \right\} = \frac{\pi^3}{8} \times \frac{(2n-1)!!}{(2n+2)!!}$$

故に，上式と $I_{2n} \geq 0$ を用いると，

$$0 \leq \frac{(2n)!!}{(2n-1)!!} I_{2n} \leq \frac{(2n)!!}{(2n-1)!!} \times \frac{\pi^3}{8} \times \frac{(2n-1)!!}{(2n+2)!!} = \frac{\pi^3}{8} \times \frac{1}{2n+2}$$

が得られる。上式で $n \to \infty$ とすると，求めたかった式(3.32) が導かれる。よって，$\zeta(2) = \pi^2/6$ が求められた。

3.8.4 パーセバルの定理を用いる方法

まずパーセバルの定理(Parseval's theorem)を紹介する[4]。次を満たす関数 $f : [-\pi, \pi] \to \mathbb{R}$ を考える。

$$\int_{-\pi}^{\pi} f(x)^2 dx < \infty.$$

上式を満たす関数 $f(x)$ に対して，

$$a_n = \frac{1}{\pi} \int_{-\pi}^{\pi} f(x) \cos(nx) dx, \quad b_n = \frac{1}{\pi} \int_{-\pi}^{\pi} f(x) \sin(nx) dx \ (n \in \mathbb{Z}_{\geq})$$

とおく。このとき，以下が成り立つのが，パーセバルの定理である。

$$\frac{1}{\pi} \int_{-\pi}^{\pi} f(x)^2 dx = \frac{a_0^2}{2} + \sum_{n=1}^{\infty} (a_n^2 + b_n^2). \tag{3.33}$$

具体的に $f(x) = x$ とおく。すると，$f(x) = x$ は奇関数なので，$a_n = 0 \ (n \in \mathbb{Z}_{\geq})$ は明らかである。また，$n \in \mathbb{Z}_{>}$ に対して，

---

[4] パーセバルの等式とも呼ばれる。

$$b_n = \frac{1}{\pi} \int_{-\pi}^{\pi} x \sin(nx)\, dx$$

$$= \frac{1}{\pi} \left\{ \left[x \cdot \left(-\frac{\cos(nx)}{n} \right) \right]_{-\pi}^{\pi} + \int_{-\pi}^{\pi} \frac{\cos(nx)}{n}\, dx \right\}$$

$$= \frac{1}{\pi} \left\{ \pi \cdot \left(-\frac{\cos(n\pi)}{n} \right) - (-\pi) \cdot \left(-\frac{\cos(-n\pi)}{n} \right) + \frac{1}{n^2} \left[\sin(nx) \right]_{-\pi}^{\pi} \right\}$$

$$= -\frac{2}{n} \cdot \cos(n\pi) = \frac{2(-1)^{n+1}}{n}.$$

故に，式 (3.33) を用いると，

$$\frac{1}{\pi} \int_{-\pi}^{\pi} x^2 dx = \sum_{n=1}^{\infty} b_n^2 = \sum_{n=1}^{\infty} \frac{4}{n^2} = 4\,\zeta(2).$$

従って，上式より左辺の積分を計算すると，

$$\frac{2\pi^2}{3} = 4\,\zeta(2)$$

が得られるので，求めたかった $\zeta(2) = \pi^2/6$ が得られた。

問題3.8.1　パーセバルの定理を $f(x) = |x|$ に対して用い，$\zeta(4) = \pi^4/90$ を求めよ。

解答3.8.1　$f(x) = |x|$ は偶関数なので，$b_n = 0\ (n \in \mathbb{Z}_>)$ は明らかである。一方，$n \in \mathbb{Z}_>$ に対して，以下のように a_n は計算できる。

$$a_n = \frac{1}{\pi} \int_{-\pi}^{\pi} |x| \cos(nx)\, dx$$

$$= \frac{2}{\pi} \int_0^1 x \cos(nx)\, dx$$

$$= \frac{2}{\pi} \left\{ \left[x \cdot \left(\frac{\sin(nx)}{n} \right) \right]_0^{\pi} - \int_0^{\pi} \frac{\sin(nx)}{n}\, dx \right\}$$

$$= \frac{2}{\pi n^2} \Big[\cos(nx) \Big]_0^{\pi}$$

$$= \frac{2\{(-1)^n - 1\}}{\pi n^2}.$$

よって，

$$a_n = \begin{cases} -\dfrac{4}{\pi n^2} & (n = 1, 3, 5, \ldots), \\[2mm] 0 & (n = 2, 4, 6, \ldots). \end{cases}$$

また，

$$a_0 = \frac{1}{\pi} \int_{-\pi}^{\pi} |x|\, dx = \frac{2}{\pi} \int_0^{\pi} x\, dx = \frac{2}{\pi} \left[\frac{x^2}{2} \right]_0^{\pi} = \pi$$

から，$a_0 = \pi$ が得られる。以上より，式(3.33) を用いると，

$$\frac{1}{\pi} \int_{-\pi}^{\pi} x^2\, dx = \frac{a_0^2}{2} + \sum_{n=0}^{\infty} a_{2n+1}^2 = \frac{\pi^2}{2} + \sum_{n=0}^{\infty} \frac{16}{\pi^2 (2n+1)^4}$$

が導かれる。従って，上式より左辺の積分を計算すると，

$$\frac{2\pi^2}{3} = \frac{\pi^2}{2} + \frac{16}{\pi^2} \sum_{n=0}^{\infty} \frac{1}{(2n+1)^4}$$

が得られる。故に,

$$\sum_{n=0}^{\infty} \frac{1}{(2n+1)^4} = \frac{\pi^4}{6 \times 16}$$

上式を用いると,

$$\zeta(4) = \sum_{n=1}^{\infty} \frac{1}{n^4} = \sum_{n=1}^{\infty} \frac{1}{(2n)^4} + \sum_{n=0}^{\infty} \frac{1}{(2n+1)^4} = \frac{1}{16}\zeta(4) + \frac{\pi^4}{6 \times 16} .$$

これから, 求めたかった結論, $\zeta(4) = \pi^4/90$ を得る。

問題3.8.2 パーセバルの定理を $f(x) = x^2$ に対して用い, $\zeta(4) = \pi^4/90$ を求めよ。

解答3.8.2 $f(x) = x^2$ は偶関数なので, $b_n = 0 \ (n \in \mathbb{Z}_{>})$ は明らかである。また, 以下のように a_n は求められる。

$$a_0 = \frac{2\pi^2}{3}, \quad a_n = \frac{4(-1)^n}{n^2} \quad (n \in \mathbb{Z}_{>}).$$

故に, 式(3.33) を用いると,

$$\frac{1}{\pi} \int_{-\pi}^{\pi} x^4 dx = \frac{a_0^2}{2} + \sum_{n=0}^{\infty} a_{2n+1}^2 = \frac{2\pi^4}{9} + \sum_{n=0}^{\infty} \frac{16}{n^4}$$

従って, 上式より左辺の積分を計算すると,

$$\frac{2\pi^4}{5} = \frac{2\pi^4}{9} + 16 \sum_{n=0}^{\infty} \frac{1}{n^4}$$

が得られる。これから，求めたかった結論，$\zeta(4) = \pi^4/90$ を得る。

3.8.5 フーリエ級数展開を用いる方法

まずフーリエ級数展開を紹介する。次を満たす連続関数 $f:$ $[-\pi, \pi] \to \mathbb{R}$ を考える。

$$\int_{-\pi}^{\pi} f(x)^2 dx < \infty.$$

この関数に対して，

$$a_n = \frac{1}{\pi} \int_{-\pi}^{\pi} f(x) \cos(nx) dx, \quad b_n = \frac{1}{\pi} \int_{-\pi}^{\pi} f(x) \sin(nx) dx \ (n \in \mathbb{Z}_{\geq})$$

とおく。このとき，以下が $f(x)$ のフーリエ級数展開と呼ばれる。

$$f(x) = \frac{a_0}{2} + \sum_{n=1}^{\infty} \{a_n \cos(nx) + b_n \sin(nx)\}. \qquad (3.34)$$

具体的に $f(x) = |x|$ とおく。このとき，$f(x) = |x|$ は偶関数なので，$b_n = 0 \ (n \in \mathbb{Z}_{>})$ は明らかである。一方，$n \in \mathbb{Z}_{>}$ に対して，以下のように a_n は求められる。

$$a_n = \frac{1}{\pi} \int_{-\pi}^{\pi} |x| \cos(nx) dx$$

$$= \frac{2}{\pi} \int_0^{\pi} x \cos(nx) dx$$

$$= \frac{2}{\pi} \left\{ \left[x \cdot \left(\frac{\sin (nx)}{n} \right) \right]_0^\pi - \int_0^\pi \frac{\sin (nx)}{n} dx \right\}$$

$$= \frac{2}{\pi n^2} \left[\cos (nx) \right]_0^\pi$$

$$= \frac{2 \{ (-1)^n - 1 \}}{\pi n^2}.$$

よって,

$$a_n = \begin{cases} -\dfrac{4}{\pi n^2} & (n = 1, 3, 5, \ldots), \\[2ex] 0 & (n = 2, 4, 6, \ldots). \end{cases}$$

また,

$$a_0 = \frac{1}{\pi} \int_{-\pi}^{\pi} |x| \, dx = \frac{2}{\pi} \int_0^\pi x \, dx = \frac{2}{\pi} \left[\frac{x^2}{2} \right]_0^\pi = \pi$$

から, $a_0 = \pi$ が得られる。以上より, 式 (3.34) を用いると,

$$|x| = \frac{a_0}{2} + \sum_{n=1}^\infty a_n \cos (nx) = \frac{\pi}{2} - \frac{4}{\pi} \sum_{n=1}^\infty \frac{\cos ((2n+1)x)}{(2n+1)^2}.$$

上式で $x = 0$ とおくと,

$$0 = \frac{\pi}{2} - \frac{4}{\pi} \sum_{n=1}^\infty \frac{1}{(2n+1)^2}.$$

故に,

$$\sum_{n=0}^\infty \frac{1}{(2n+1)^2} = \frac{\pi^2}{8}.$$

上式を用いると，

$$\zeta(2) = \sum_{n=1}^{\infty} \frac{1}{n^2} = \sum_{n=1}^{\infty} \frac{1}{(2n)^2} + \sum_{n=0}^{\infty} \frac{1}{(2n+1)^2} = \frac{1}{4}\zeta(2) + \frac{\pi^2}{8}.$$

従って，上式より求めたかった$\zeta(2) = \pi^2/6$ が得られた。

問題3.8.3 フーリエ級数展開を$f(x) = x^2$ に対して用い，
$\zeta(2) = \pi^2/6$ を求めよ。

解答3.8.3 $f(x) = x^2$ は偶関数なので，$b_n = 0$ $(n \in \mathbb{Z}_>)$ は
明らかである。一方，$n \in \mathbb{Z}_>$ に対して，以下のようにa_n は
計算できる。

$$a_0 = \frac{2\pi^2}{3}, \qquad a_n = \frac{4(-1)^n}{n^2} \quad (n \in \mathbb{Z}_>).$$

故に，式(3.34) を用いると，

$$x^2 = \frac{a_0}{2} + \sum_{n=1}^{\infty} a_n \cos(nx) = \frac{\pi^2}{3} + 4\sum_{n=1}^{\infty} \frac{(-1)^n \cos(nx)}{n^2}$$

上式で$x = 0$ とおくと，

$$0 = \frac{\pi^2}{3} + 4\sum_{n=1}^{\infty} \frac{(-1)^n}{n^2}.$$

故に，

$$\sum_{n=0}^{\infty} \frac{(-1)^n}{n^2} = -\frac{\pi^2}{12}.$$

上式の左辺は

$$\sum_{n=0}^{\infty} \frac{(-1)^n}{n^2} = \sum_{n=1}^{\infty} \frac{1}{(2n)^2} - \sum_{n=0}^{\infty} \frac{1}{(2n+1)^2} = \frac{1}{4} \zeta(2) - \frac{3}{4} \zeta(2) = -\frac{1}{2} \zeta(2)$$

となるので，求めたかったζ(2) = π²/6 が得られる。

3.8.6　積分表示から求める方法

まず，

$$I = \int_0^1 \int_0^1 \frac{1}{1 - x^2 y^2} \, dx dy$$

とおく。このとき，

$$I = \int_0^1 \int_0^1 \sum_{n=0}^{\infty} (xy)^{2n} \, dx dy = \sum_{n=0}^{\infty} \left(\int_0^1 x^{2n} \, dx \right)^2$$

$$= \sum_{n=0}^{\infty} \frac{1}{(2n+1)^2} = \frac{3}{4} \zeta(2).$$

よって，

$$I = \frac{3}{4} \zeta(2) \tag{3.35}$$

が得られた。一方，以下のような変数変換を行う。

$$x = \frac{\sin \phi}{\cos \theta}, \qquad y = \frac{\sin \theta}{\cos \phi}.$$

この変換により，積分範囲は「$0 \le x, y \le 1$」が「$0 \le \phi, \theta, \phi + \theta \le \pi/2$」となる。さらに，ヤコビアンは

$$\begin{vmatrix} \frac{\partial x}{\partial \phi} & \frac{\partial x}{\partial \theta} \\ \frac{\partial y}{\partial \phi} & \frac{\partial y}{\partial \theta} \end{vmatrix} = \frac{\partial x}{\partial \phi} \cdot \frac{\partial y}{\partial \theta} - \frac{\partial x}{\partial \theta} \cdot \frac{\partial y}{\partial \psi}$$

$$= \frac{\cos \phi}{\cos \theta} \cdot \frac{\cos \theta}{\cos \phi} - \frac{\sin \phi \sin \theta}{(\cos \theta)^2} \cdot \frac{\sin \phi \sin \theta}{(\cos \phi)^2} = 1 - x^2 y^2$$

と計算される。以上より，

$$I = \iint_{0 \le \phi, \theta, \phi + \theta \le \pi/2} \frac{1}{1 - x^2 y^2} (1 - x^2 y^2) \, d\phi d\theta$$

$$= \int_0^{\pi/2} d\theta \int_0^{\pi/2 - \theta} d\phi = \int_0^{\pi/2} \left(\frac{\pi}{2} - \theta \right) d\theta$$

$$= \frac{\pi^2}{4} - \frac{\pi^2}{8} = \frac{\pi^2}{8}.$$

よって，

$$I = \frac{\pi^2}{8} \tag{3.36}$$

が得られた。以上から，式(3.35) と式(3.36) を用いると，

$$I = \frac{3}{4} \zeta(2) = \frac{\pi^2}{8}$$

が求まる。故に，$\zeta(2) = \pi^2/6$ が導かれる。

3.8.7 逆正弦関数を用いる方法

まず,

$$I = \int_0^1 \frac{\arcsin x}{\sqrt{1-x^2}}\,dx$$

とおく。このとき,$u = \arcsin x$ と変数変換すると,$du = dx/\sqrt{1-x^2}$ なので,

$$I = \int_0^{\pi/2} u\,du = \frac{\pi^2}{8}. \tag{3.37}$$

一方,逆正弦関数のテイラー展開は,

$$\arcsin x = \sum_{n=0}^\infty \binom{2n}{n} \frac{x^{2n+1}}{4^n(2n+1)}$$

である。これと,ベータ関数 $B(x,y)$,ガンマ関数 $\Gamma(x)$ を用いると,以下のように計算できる。

$$I = \int_0^1 \frac{\arcsin x}{\sqrt{1-x^2}}\,dx$$

$$= \sum_{n=0}^\infty \binom{2n}{n} \frac{1}{4^n(2n+1)} \int_0^1 \frac{x^{2n+1}}{\sqrt{1-x^2}}\,dx$$

$$= \sum_{n=0}^\infty \binom{2n}{n} \frac{1}{4^n(2n+1)} \frac{1}{2} \int_0^1 \frac{u^n}{\sqrt{1-u}}\,du$$

$$= \frac{1}{2} \sum_{n=0}^\infty \binom{2n}{n} \frac{1}{4^n(2n+1)} B(n+1, 1/2)$$

$$= \frac{1}{2} \sum_{n=0}^{\infty} \binom{2n}{n} \frac{1}{4^n (2n+1)} \frac{\Gamma(n+1)\Gamma(1/2)}{\Gamma(n+3/2)}$$

さらに，$\Gamma(x)$ の性質から，

$$I = \frac{1}{2} \sum_{n=0}^{\infty} \binom{2n}{n} \frac{1}{4^n (2n+1)} \frac{n! \, 2^{n+1}}{(2n+1)(2n-1)\cdots 3 \cdot 1}$$

$$= \frac{1}{2} \sum_{n=0}^{\infty} \frac{(2n)!}{(n!)^2} \frac{1}{4^n (2n+1)} \frac{n! \, 2^{n+1} n! \, 2^n}{(2n+1)!}$$

$$= \sum_{n=0}^{\infty} \frac{1}{(2n+1)^2}$$

故に，上式と式(3.37) を用いると，

$$I = \sum_{n=0}^{\infty} \frac{1}{(2n+1)^2} = \frac{\pi^2}{8}$$

なので，$\zeta(2) = \pi^2/6$ が得られる。

3.8.8 コーシー分布より求める方法

X, Y を独立なコーシー分布に従う確率変数とする。つまり，それぞれの密度関数が以下で与えられる。

$$f_X(x) = f_Y(x) = \frac{1}{\pi} \times \frac{1}{1+x^2}.$$

このとき，確率変数 $|X|$ の密度関数 $f_{|X|}(x)$ は，

$$f_{|X|}(x) \quad (= f_{|Y|}(x)) = \frac{2}{\pi} \times \frac{1}{1+x^2} \, (x > 0) \tag{3.38}$$

で与えられる。何故なら，$x > 0$ に対して，

$$P(|X| \le x) = P(-x \le X \le x) = \frac{1}{\pi} \int_{-x}^{x} \frac{1}{1 + y^2} \, dy = \frac{2}{\pi} \int_{0}^{x} \frac{1}{1 + y^2} \, dy.$$

よって，この両辺を微分すればよい。一方，式(3.38) を用いると，

$$\frac{1}{2} = P(|Y| < |X|) = \iint_{0 < y < x} \frac{4}{\pi^2} \frac{1}{1 + y^2} \frac{1}{1 + x^2} \, dx dy$$

となる。ここで，$y = uv$ と変数変換すると，

$$\frac{1}{2} = \iint_{0 < u < 1, 0 < x} \frac{4}{\pi^2} \frac{x}{1 + u^2 x^2} \frac{1}{1 + x^2} \, dx du.$$

さらに，$w = x^2$ と変数変換すると，

$$\frac{1}{2} = \iint_{0 < u < 1, 0 < w} \frac{2}{\pi^2} \frac{w}{1 + u^2 w} \frac{1}{1 + w} \, dw du$$

$$= \frac{2}{\pi^2} \int_{0}^{1} \frac{1}{1 + u^2} \, du \int_{0}^{\infty} \left(\frac{1}{1 + w} - \frac{u^2}{1 + u^2 w} \right) dw$$

$$= -\frac{4}{\pi^2} \int_{0}^{1} \frac{\log u}{1 - u^2} \, du$$

$$= -\frac{4}{\pi^2} \sum_{n=0}^{\infty} \int_{0}^{1} u^{2n} \log u \, du$$

$$= \frac{4}{\pi^2} \sum_{n=0}^{\infty} \int_{0}^{\infty} x \exp(-(2n+1)x) \, dx$$

$$= \frac{4}{\pi^2} \sum_{n=0}^{\infty} \frac{1}{(2n+1)^2}.$$

以上から,

$$\frac{1}{2} = \frac{4}{\pi^2} \sum_{n=0}^{\infty} \frac{1}{(2n+1)^2}.$$

即ち,

$$\sum_{n=0}^{\infty} \frac{1}{(2n+1)^2} = \frac{\pi^2}{8}$$

が導かれる。これより, 前小節と同様に, $\zeta(2) = \pi^2/6$ を得る。

3.8.9 少しまとめてみよう

本章最後の小節では, $\zeta(2)$ の計算で出てきたいくつかの数とその周辺の話題を図3.1と図3.2にまとめた。

図3.1は $\zeta(2)$ を奇数の部分と偶数の部分の和に分解すると, きれいに3:1の比に分割される様子を示したものである。

図3.2はさらに $\zeta(2)$ を4で割った余りが0, 1, 2, 3の部分の4つに分割した図である。しかし、今回は以下で定められるカタラン定数 C が現れて, 簡単な比で分割されない。

$$C = \sum_{n=0}^{\infty} \frac{(-1)^n}{(2n+1)^2} = 0.915965\cdots.$$

尚, 6章で登場するカタラン数とは異なるので注意して欲しい。また, C は G とも表される。実は, このカタラン定数は無

理数であると信じられているが，まだ証明されていない未解決問題のようである。

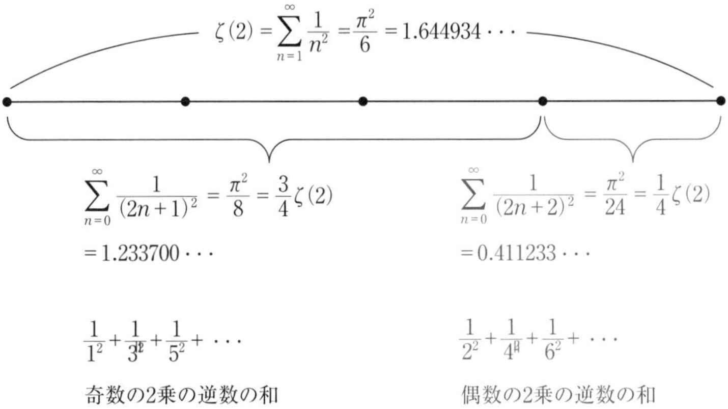

$$\zeta(2) = \sum_{n=1}^{\infty} \frac{1}{n^2} = \frac{\pi^2}{6} = 1.644934\cdots$$

$$\sum_{n=0}^{\infty} \frac{1}{(2n+1)^2} = \frac{\pi^2}{8} = \frac{3}{4}\zeta(2)$$
$$= 1.233700\cdots$$

$$\sum_{n=0}^{\infty} \frac{1}{(2n+2)^2} = \frac{\pi^2}{24} = \frac{1}{4}\zeta(2)$$
$$= 0.411233\cdots$$

$$\frac{1}{1^2} + \frac{1}{3^2} + \frac{1}{5^2} + \cdots$$

奇数の2乗の逆数の和

$$\frac{1}{2^2} + \frac{1}{4^2} + \frac{1}{6^2} + \cdots$$

偶数の2乗の逆数の和

図3.1 ζ(2) を奇数の部分と偶数の部分の和に分解

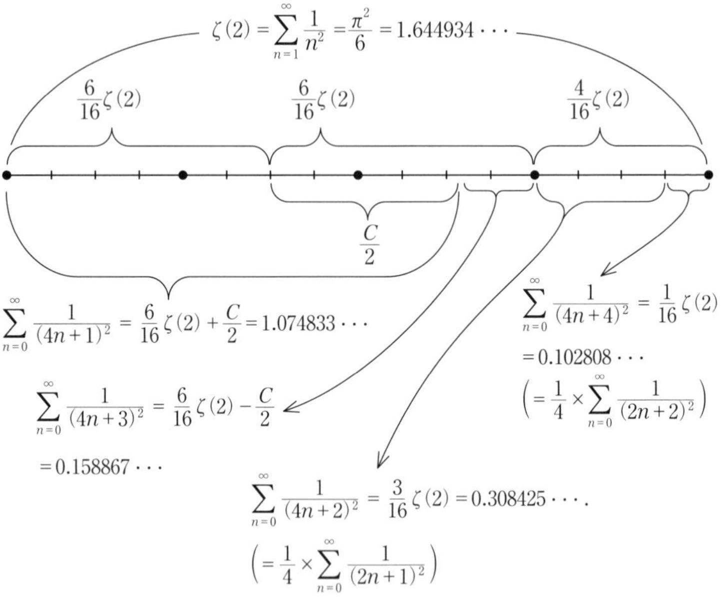

$$\zeta(2) = \sum_{n=1}^{\infty} \frac{1}{n^2} = \frac{\pi^2}{6} = 1.644934\cdots$$

$$\frac{6}{16}\zeta(2) \qquad \frac{6}{16}\zeta(2) \qquad \frac{4}{16}\zeta(2)$$

$$\frac{C}{2}$$

$$\sum_{n=0}^{\infty} \frac{1}{(4n+1)^2} = \frac{6}{16}\zeta(2) + \frac{C}{2} = 1.074833\cdots$$

$$\sum_{n=0}^{\infty} \frac{1}{(4n+4)^2} = \frac{1}{16}\zeta(2)$$
$$= 0.102808\cdots$$
$$\left(= \frac{1}{4} \times \sum_{n=0}^{\infty} \frac{1}{(2n+2)^2} \right)$$

$$\sum_{n=0}^{\infty} \frac{1}{(4n+3)^2} = \frac{6}{16}\zeta(2) - \frac{C}{2}$$
$$= 0.158867\cdots$$

$$\sum_{n=0}^{\infty} \frac{1}{(4n+2)^2} = \frac{3}{16}\zeta(2) = 0.308425\cdots.$$
$$\left(= \frac{1}{4} \times \sum_{n=0}^{\infty} \frac{1}{(2n+1)^2} \right)$$

図3.2 ζ(2)を4で割った余りが0, 1, 2, 3の部分の和に分解

COLUMUN 3

「ζ(3) が無理数である」を証明した
ロジャー・アペリの生涯

　このコラムの内容は，**ロジャー・アペリ**(Roger Apery)の
息子であるFrancois Apery による「Roger Apery, 1916-
1994：A radical mathematician, *The Mathematical
Intelligencer*, Vol.18, No.2, 1996, pp.54-61」にもとづいて
いる。

　ζ(3) の無理数性を示したことで知られるロジャー・アペ
リは，1916 年 11 月にフランスのルーアンで生まれた。貧し
い少年時代を過ごした彼は，2 年飛び級して高校を卒業す
るなど優秀な成績を収めていたが，小さい頃から学問で身
を立てようと考えていた。アペリは1994 年にパーキンソン
病で亡くなったが，数学研究だけでなく政治活動も活発に
行ったその人生は波乱に満ちていた。

　彼は母の影響で本格的にピアノをひいたり，チェスを好
み腕前もなかなかのものであったりするなど多趣味で，食
欲に関する逸話も残っているほどの健啖家だった。高校卒
業後，友人や師に恵まれ，結婚して3 人の子供も得たが，2
度の離婚を経験した。おそらくその原因は，数学の研究と
政治活動に没頭しすぎていたからだった。特に政治活動へ

の参加の仕方は強烈で，政治活動に集中しすぎたせいでフランスの大学院入試にあたる試験に失敗したり（ただし数学はほぼ満点だったようだ），大学での政治活動のリーダーになって秘密新聞を発行したり，ナチス占領下のフランスで偽装身分証を作って強制収容所送りになりかけたりしたことなどはよい例である。また彼は少し危険なユーモアも持ち合わせており，友人の義足を新聞紙で包んだ棒状の物をナチス秘密警察に見せつけるように持ち歩き，銃の所持を疑われて尋問され，「これは足です！」と元気に答えたこともあったようだ。彼の政治活動は時の体制派に反するものが多かったが，のちにその功績で勲章を受け取っている。

　政治活動においてと同じように，数学においても彼は時の主流派と対立することが多かったようだ。代表的な例として，1960年代に当時カントールの集合論に対抗して圏論を推進したことがある。彼は研究活動の初期にはイタリア学派の伝統に則った複素数体上の代数幾何学で成果を出したが，その興味は有理数体上の代数幾何学，数論へと移っていった。これが，1978年に行われた$\zeta(3)$の無理数性の証明に関する講演につながる。この伝説的な講演が行われたとき，彼は61歳だった。講演は難しかったこともあって必ずしも歓迎はされなかったが，その2か月後には不明瞭

だった部分の証明もなされた。そしてアペリは数学史にその名を刻み，全世界にその存在を知らしめたのである。

第 4 章

錯確率事象

この章では，直感が裏切られるような確率の問題を紹介する。この問題は三囚人問題と呼ばれるが，問題文をどのように理解すれば，直感的な解と後述するベイズの公式から得られる解が合致するかが，認知心理学の分野でまだ決着がついていない問題である[19]。前章までとは趣の変わった問題ではあるが，未解決問題の一つとして考えることにした。また，類似の問題であるモンティ・ホール問題も併せて本章で紹介した。上述のような直感により予測される確率と確率論に基づく計算によって得られる確率がずれるような「事象」をここでは，「錯確率事象」と呼ぶことにした。

4.1 ｜ 条件つき確率

　まず，本章の内容を理解するために条件つき確率を紹介する[1]。事象 B が $P(B) > 0$ のとき，事象 B が起こるというもとでの，事象 A が起こる条件つき確率 $P(A|B)$ を以下で定義する。

$$P(A|B) = \frac{P(A \cap B)}{P(B)}.$$

　簡単な以下の例題を考えてみよう。

---

*1　本章の確率の基礎的な部分などは，例えば，今野他(2014)[32]を参照のこと。

例4.1.1　偏りの無いコインを 2 回続けて投げる。そのどちら
か一方は表が出たことが分かっている。そのとき，残りも表で
ある確率はいくらか。

この答えは「直感」的に 1/2 になりそうであるが，そうではな
い。では考えてみよう。まず，確率空間 Ω は，$\Omega = \{$表表，表
裏，裏表，裏裏$\}$ となる。但し，例えば，"表裏" は 1 回目に表，
2 回目に裏が出たことを表すとする。このとき求めたい事象 A
は $A = \{$表表$\}$ であり，「どちらか一方は表が出た事象」B は B
$= \{$表表，表裏，裏表$\}$ であることに注意する。従って，$A \cap B$
$= \{$表表$\}$ なので，条件つき確率の定義から，

$$P(A|B) = \frac{P(A \cap B)}{P(B)} = \frac{1/4}{3/4} = 1/3.$$

しかし，「第 1 回目に表が出たことが分かっている。そのと
き，残りも表である確率はいくらか」と修正すると，「第 1 回
目に表が出た事象」C は $C = \{$表表，表裏$\}$ に変わる。従って，
$A \cap C = \{$表表$\}$ なので，条件つき確率の定義から，

$$P(A|C) = \frac{P(A \cap C)}{P(C)} = \frac{1/4}{2/4} = 1/2 \tag{4.1}$$

と最初のいわゆる「直感」で得られた答え「1/2」と一致する。
また，同様のことであるが，「第 2 回目に表が出たことが分か
っている。そのとき，残りも表である確率はいくらか」と修正

すると、「第2回目に表が出た事象」D は $D = \{$表表, 裏表$\}$ に変わる。従って、$A \cap D = \{$表表$\}$ なので、条件つき確率の定義から、

$$P(A|D) = \frac{P(A \cap D)}{P(D)} = \frac{1/4}{2/4} = 1/2 \tag{4.2}$$

とこの場合も最初のいわゆる「直感」で得られた答え「1/2」と一致する。

もうひとひねりして、少し表現は微妙になるが「コイン投げとは独立に、第1回目の結果を知る確率を p とし、第2回の結果を知る確率を $1-p$ としよう。さて、偏りの無いコインを2回続けて投げる。そのとき、表が出たことが分かっているという条件の下で、残りも表である確率はいくらか」と変形してみよう。そうすると、今度は式(4.1)と式(4.2)の結果をそれぞれ確率 p と確率 $1-p$ で分配することになるので(と言うより、そうなるように問題文を修正したつもりである)、求める確率 $Q(p)$ は、

$$Q(p) = p\,P(A|C) + (1-p)\,P(A|D) = p \times \frac{1}{2} + (1-p) \times \frac{1}{2} = \frac{1}{2}$$

となる。興味深いことに、$Q(p)$ は p に依存せず、いつも「直感」的な確率1/2に等しくなる。最初の問題に対して確率は1/2と答えた人は、むしろこの計算で得られた確率を「直感的に何らかの方法で計算している」のかもしれない。

さて，以下の条件つき確率に関連する問題を解くことで，条件つき確率に慣れて頂きたい。

問題4.1.1　1 から 6 の目が出る確率がそれぞれ 1/6 であるサイコロを 2 回投げた。このとき，以下の問いに答えよ。

(1) 2 回の目の和が 5 であるという条件の下で，少なくとも一度は 3 の目が出る確率を求めよ。

(2) 少なくとも 1 度は偶数の目が出たという条件の下で，2 回の目の和が偶数である確率を求めよ。

解答4.1.1　以下，1 回目に投げたときに出た目が a で，2 回目に出た目が b である場合を (a, b) と表記する。すべての場合について，起こる確率はそれぞれ 1/36 であることに注意する。

(1) 事象 A を 2 つの目の和が 5 であるという事象とし，事象 B を少なくとも一度は 3 の目が出るという事象とする。事象 A のすべての場合は，出た目がそれぞれ $(1, 4)$, $(2, 3)$, $(3, 2)$, $(4, 1)$ の場合の 4 通りより，

$$P(A) = \frac{4}{36} = \frac{1}{9}.$$

同様に，事象 A かつ B のすべての場合は，出た目がそれぞれ $(2, 3)$, $(3, 2)$ の場合の 2 通りだから，

$$P(A \cap B) = \frac{2}{36} = \frac{1}{18} \, .$$

よって求める条件つき確率は，

$$P(B|A) = \frac{P(A \cap B)}{P(A)} = \frac{1/18}{1/9} = \frac{1}{2} \, .$$

(2) 事象 C を少なくとも1度は偶数の目が出たという事象とし，事象 D を2回の目の和が偶数であるという事象とする。事象 C の余事象は，2回とも奇数の目が出たという事象であり，そのすべての場合は $3 \times 3 = 9$ 通りより，

$$P(C) = 1 - \frac{9}{36} = \frac{3}{4} \, .$$

また，事象 C かつ D は2回とも偶数であるという事象より，そのすべての場合は $3 \times 3 = 9$ 通りだから，

$$P(C \cap D) = \frac{9}{36} = \frac{1}{4} \, .$$

よって求める条件つき確率は，

$$P(D|C) = \frac{P(C \cap D)}{P(C)} = \frac{1/4}{3/4} = \frac{1}{3} \, .$$

問題4.1.2 ある年の年末ジャンボ宝くじには，くじ2000万本につき以下であたりが入っている（ちなみに，当せん金の期待値は約149円である）。

等級	当せん金	本数
1 等	7 億円	1 本
1 等の前後賞	1 億 5 千万円	2 本
1 等の組違い賞	10 万円	199 本
2 等	1000 万円	3 本
3 等	100 万円	100 本
4 等	10 万円	2000 本
5 等	1 万円	4 万本
6 等	3000 円	20 万本
7 等	300 円	200 万本
年末ラッキー賞	2 万円	2000 本

表 4.1

このとき，以下の条件つき確率を求めよ。

(1) くじを 1 本引き，あたりを引いたという条件の下で，その
くじが 7 等である確率。

(2) くじを 2 本引き，少なくとも 1 本が 7 等であるという条件
の下で，もう 1 本が 1 等である確率。

解答4.1.2　(1) 事象 A を，1 本引き，あたりを引いたとい
う事象とし，事象 B を，1 本引き，7 等を引くという事象とす
る。あたりの本数は合計で 224 万 4305 本あるため，

$$P(A) = \frac{2244305}{20000000}.$$

一方，

$$P(A \cap B) = P(B) = \frac{2000000}{20000000} = \frac{1}{10}.$$

よって，求める条件つき確率は，

$$P(B|A) = \frac{P(A \cap B)}{P(A)} = \frac{2000000}{2244305} = \frac{400000}{448861}.$$

(2) 事象 C を，2 本引き，少なくとも 1 本が 7 等であるという事象とし，事象 D を，2 本引き，1 本が 1 等であるという事象とする。余事象を考えて，

$$P(C) = 1 - \frac{18000000}{20000000} \times \frac{17999999}{19999999} = \frac{37999999}{199999990}.$$

また，事象 C かつ D の場合は 200 万通りより，

$$P(C \cap D) = \frac{2000000}{20000000 \times 19999999/2} = \frac{2}{199999990}.$$

よって，求める条件つき確率は，

$$P(D|C) = \frac{P(C \cap D)}{P(C)} = \frac{2}{37999999}.$$

4.2 | ベイズの公式

本節で，ベイズの公式を紹介しよう．次節以降の話題，三囚人問題，モンティ・ホール問題では，この公式を用いて考える．

命題4.2.1 (1) 全確率の公式．$B_1, B_2, \ldots, B_n$ は互いに排反で $P(B_i) > 0$，かつ，$\Omega = \bigcup_{i=1}^{n} B_i$ を満たす．但し，互いに排反とは，$B_i \cap B_j = \emptyset$ $(i \neq j)$ のことをいう．このとき，

$$P(A) = \sum_{i=1}^{n} P(A|B_i)\, P(B_i).$$

特に，$n=2$ のときは，

$$P(A) = P(A|B)P(B) + P(A|B^c)P(B^c).$$

但し，B^c は B の余事象である．

(2) ベイズの公式（Bayes' formula）．$B_1, B_2, \ldots, B_n$ は互いに排反で $P(B_i) > 0$，かつ $\bigcup_{i=1}^{n} B_i = \Omega$ を満たす．このとき，

$$P(B_j|A) = \frac{P(A|B_j)P(B_j)}{\sum_{i=1}^{n} P(A|B_i)P(B_i)} \quad (j=1, 2, \ldots, n).$$

証明 (1) $B_1, B_2, \ldots, B_n$ は互いに排反で $\Omega = \bigcup_{i=1}^{n} B_i$ を満たすことより，

$$P(A) = \sum_{i=1}^{n} P(A \cap B_i).$$

従って，$P(A \cap B_i) = P(A|B_i)\, P(B_i)$ に注意すると，

$$P(A) = \sum_{i=1}^{n} P(A|B_i)\, P(B_i)$$

を得る。

(2) 全確率の公式(1)を用いると,

$$P(B_j|A) = \frac{P(B_j \cap A)}{P(A)} = \frac{P(A|B_j)P(B_j)}{\sum_{i=1}^{n} P(A|B_i)P(B_i)}.$$

以下, 全確率の公式と全確率の公式を使って, 問題を解いてみよう。

問題4.2.1 2つの袋H_1とH_2があり, 袋H_1には1から3までの数字の書かれた赤玉が3個, もう片方の袋H_2の中には1から3の数字の書かれた青玉が3個入っている。それぞれの袋から1個ずつ無作為に玉を取り出すとき, 事象Aを取り出した赤玉と青玉に書かれた数字が同じであるという事象とし, 事象B_jをjと書かれた赤玉を取り出すという事象とする。

(1) 全確率の公式を使って, $P(A)$を求めよ。

(2) ベイズの公式を使って, $j=1,2,3$それぞれについて, $P(B_j|A)$を求めよ。

解答4.2.1 (1) $j=1,2,3$に対し, $P(B_j)=1/3$である。また, それぞれの条件つき確率は

$$P(A|B_j) = 1/3 \quad (j=1,2,3)$$

となる。全確率の公式を用いると,

$$P(A) = \sum_{j=1}^{3} P(A|B_j)P(B_j) = 3 \times \frac{1}{3} \times \frac{1}{3} = \frac{1}{3}$$

が導かれる。

(2) ベイズの公式を用いると，$j = 1, 2, 3$ に対し，

$$P(B_j|A) = \frac{P(A|B_j)P(B_j)}{\sum_{i=1}^{3} P(A|B_i)P(B_i)}$$

$$= \frac{P(A|B_j)P(B_j)}{P(A)} = \frac{1/9}{1/3} = \frac{1}{3}$$

が得られる。

表4.2 では，袋 H_1 から取り出した玉に書かれた数を $a \in \{1, 2, 3\}$，袋 H_2 から取り出した玉に書かれた数を $b \in \{1, 2, 3\}$，としたときに，(a, b) と表す。するとこの問題は，(1) の $P(A)$ は，全体が $3 \times 3 = 9$ 通りあるうちの $\{(1, 1), (2, 2), (3, 3)\}$ の 3 通りなので，$3/9 = 1/3$ が求める確率になる。(2) の $P(B_j|A)$ は，各 $j = 1, 2, 3$ に対して，全体が $\{(1, 1), (2, 2), (3, 3)\}$ の 3 通りのうち，各 j とも 1 通りしかないので，$1/3$ が求める確率になる。このように考えると，計算しなくても求めたい確率が導ける。

$H_1 \backslash H_2$	1	2	3
1	(1,1)	(1,2)	(1,3)
2	(2,1)	(2,2)	(2,3)
3	(3,1)	(3,2)	(3,3)

表 4.2

次の問題は，袋 H_1 の赤玉の数を 3 個から 4 個に増やした場合である。

問題4.2.2 2 つの袋 H_1 と H_2 があり，袋 H_1 には 1 から 4 までの数字の書かれた赤玉が 4 個，もう片方の袋 H_2 の中には 1 から 3 の数字の書かれた青玉が 3 個入っている。それぞれの袋から 1 個ずつ無作為に玉を取り出すとき，事象 A を取り出した赤玉と青玉に書かれた数字が同じであるという事象とし，事象 B_j を j と書かれた赤玉を取り出すという事象とする。

(1) 全確率の公式を使って，$P(A)$ を求めよ。

(2) ベイズの公式を使って，$j = 1, 2, 3, 4$ それぞれについて，$P(B_j|A)$ を求めよ。

解答4.2.2 (1) $j = 1, 2, 3, 4$ に対し，$P(B_j) = 1/4$ である。また，それぞれの条件つき確率は

$$P(A|B_j) = \begin{cases} 1/3 \ (j = 1, 2, 3) \\ 0 \ (j = 4) \end{cases}$$

となる。ここで全確率の公式より，

$$P(A) = \sum_{j=1}^{4} P(A \mid B_j) P(B_j) = 3 \times \frac{1}{3} \times \frac{1}{4} + 0 \times \frac{1}{4} = \frac{1}{4}.$$

(2) ベイズの公式を用いると，

$$P(B_j \mid A) = \frac{P(A \mid B_j) P(B_j)}{\sum_{i=1}^{4} P(A \mid B_i) P(B_i)}$$

$$= \frac{P(A \mid B_j) P(B_j)}{P(A)} = \begin{cases} \dfrac{1/12}{1/4} = \dfrac{1}{3} & (j = 1, 2, 3) \\ 0 & (j = 4) \end{cases}$$

が導かれる。

この問題も，前問と同様，表 4.3 のように，袋 H_1 から取り出した玉に書かれた数を $a \in \{1, 2, 3, 4\}$，袋 H_2 から取り出した玉に書かれた数を $b \in \{1, 2, 3\}$，としたときに，(a, b) と表す。すると，(1) の $P(A)$ は，全体が $4 \times 3 = 12$ 通りあるうちの $\{(1, 1), (2, 2), (3, 3)\}$ の 3 通りなので，$3/12 = 1/4$ が求める確率になる。(2) の $P(B_j \mid A)$ は，各 $j = 1, 2, 3$ に対して，全体が $\{(1, 1), (2, 2), (3, 3)\}$ の 3 通りのうち，各 j とも 1 通りしかないので，$1/3$ が求める確率になる。$P(B_4 \mid A)$ は，そもそもそのような場合がないので，確率は 0 である。以上のように，計算しなくても確率が導けた。

$H_1 \setminus H_2$	1	2	3
1	(1,1)	(1,2)	(1,3)
2	(2,1)	(2,2)	(2,3)
3	(3,1)	(3,2)	(3,3)
4	(4,1)	(4,2)	(4,3)

表 4.3

4.3 | 三囚人問題

　ベイズの公式の応用として以下の**三囚人問題**[2]や次節で紹介するモンティ・ホール問題が有名である。三囚人問題は，ベイズの定理による解と直感的な判断が食い違う問題として，1950年代から紹介されていた。作者は不詳とされているが，一般的には以下のような問題文で紹介されている。

三囚人問題 三人の囚人A，B，Cがいる。3人とも処刑されることになっていたが，王子が結婚するというので，王様が一人だけを恩赦にすることにした。誰が恩赦になるか決定されたが，まだ囚人には知らされていない。結果を知っている看守に対して，囚人のAが「BとCのどちらかは必ず処刑されるのだ

---

*2　詳しくは，市川 (1997, 1998) [17]，[18]，熊谷 (2003) [34] を参照のこと。**囚人のジレンマ**とも呼ばれるが，ゲーム理論で有名な同名の囚人のジレンマとは異なる。

から，処刑される一人の名前を教えてくれても，私に情報を与えることにはならないだろう。一人を教えてくれないか」と頼んだ。看守はその言い分に納得して，「囚人 B は処刑されるよ」と教えた。これを聞いた囚人 A は，「はじめ，自分の助かる確率は1/3 だったが，いまや助かるのは自分と C だけになったので，助かる確率は1/2 に増えた」と喜んだという。さて，実際には，看守の返事を聞いた後の，囚人 A が助かる確率はどれだけか。

この問題に対して，ベイズの公式を用いて事後確率を求めるとどうなるだろうか。まず，各囚人が助かる事前確率は

$$P(\text{A 恩赦}) = P(\text{B 恩赦}) = P(\text{C 恩赦}) = \frac{1}{3}.$$

一方，各囚人が恩赦になると仮定したときの事後確率は，

$$P(\text{看守「B 処刑」と言う} \,|\, \text{A 恩赦}) = \frac{1}{2},$$

$$P(\text{看守「B 処刑」と言う} \,|\, \text{B 恩赦}) = 0,$$

$$P(\text{看守「B 処刑」と言う} \,|\, \text{C 恩赦}) = 1.$$

従って，ベイズの公式より，

$$P(\text{A 恩赦} \,|\, \text{看守「B 処刑」と言う}) = \frac{\frac{1}{2} \times \frac{1}{3}}{\left(\frac{1}{2} \times \frac{1}{3}\right) + \left(0 \times \frac{1}{3}\right) + \left(1 \times \frac{1}{3}\right)} = \frac{1}{3}$$

となり，囚人Aの喜びはぬか喜びとなる。ここで，2番目の式の分子は，

$$P(看守「B処刑」と言う \,|A恩赦)\,P(A恩赦) = \frac{1}{2} \times \frac{1}{3}$$

2番目の式の分母は，

$$P(看守「B処刑」と言う \,|A恩赦)\,P(A恩赦) = \frac{1}{2} \times \frac{1}{3},$$

$$P(看守「B処刑」と言う \,|B恩赦)\,P(B恩赦) = 0 \times \frac{1}{3},$$

$$P(看守「B処刑」と言う \,|C恩赦)\,P(C恩赦) = 1 \times \frac{1}{3}$$

の3項を加えることにより導かれる。尚，「A恩赦」の条件の下で，「看守が「B処刑」と言う」確率は，「看守が「C処刑」と言う」確率と等しく1/2としている。

　このような確率計算は，実は，図4.1を見ると一目瞭然である。つまり，「看守が「B処刑」と言う」（灰色の部分）の「A恩赦」の割合は1/3となっている。

● **一般化1**

　上記の「A恩赦」の条件の下で，「看守が「B処刑」と言う」確率は，「看守が「C処刑」と言う」確率と等しく1/2としているのを，一般化して，「A恩赦」の条件の下で，「看守が「B

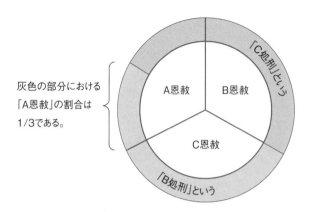

灰色の部分における
「A恩赦」の割合は
1/3である。

図 4.1　「B 処刑」と聞いたので，図の灰色の部分で考えればよい。

処刑」と言う」確率を p，「看守が「C 処刑」と言う」確率を $1-p$ としよう。すると，各囚人が恩赦になると仮定したときの事後確率は，

$$P(看守「B 処刑」と言う \mid A 恩赦) = p,$$

$$P(看守「B 処刑」と言う \mid B 恩赦) = 0,$$

$$P(看守「B 処刑」と言う \mid C 恩赦) = 1$$

になる。従って，ベイズの公式より，

$$P(A恩赦 \mid 看守「B処刑」と言う) = \frac{p \times \frac{1}{3}}{\left(p \times \frac{1}{3}\right) + \left(0 \times \frac{1}{3}\right) + \left(1 \times \frac{1}{3}\right)} = \frac{p}{p+1}$$

となる。上記の確率を $P(p)$ とおく。即ち，

$$P(p) = \frac{p}{p+1}. \tag{4.3}$$

従って,

$$P(p) = \frac{1}{3} \iff p = \frac{1}{2}.$$

ここで, $P_1 \iff P_2$ は, P_1 と P_2 とが同値であることを表す。つまり, 最初の設定である $p = 1/2$ の場合のみ, 確率が変わらないことが分かる。また,

$$P(p) > \frac{1}{3} \iff p > \frac{1}{2}$$

なので, 例えば, $p = 2/3$ とすると, $P(2/3) = 2/5 > 1/3$ となり, 確率は高くなる。一方,

$$P(p) < \frac{1}{3} \iff p < \frac{1}{2}$$

なので, 例えば, $p = 1/3$ とすると, $P(1/3) = 1/4 < 1/3$ となり, 確率は低くなる。

問題 4.3.1 $p = 1/4$ のときに各囚人が恩赦される事後確率を調べよ。

解答 4.3.1 式 (4.3) より,

$$P(\text{A 恩赦} \mid \text{看守「B 処刑」と言う}) = \frac{p}{p+1} = \frac{\frac{1}{4}}{1 + \frac{1}{4}} = \frac{1}{5}.$$

また, 明らかに

$$P(\text{B 恩赦} \mid \text{看守「B 処刑」と言う}) = 0.$$

よって，

$P(\text{C恩赦} | \text{看守「B処刑」と言う})$

$= 1 - (P(\text{A恩赦} | \text{看守「B処刑」と言う})$

$\qquad\qquad + P(\text{B恩赦} | \text{看守「B処刑」と言う}))$

$= 1 - \dfrac{1}{5} = \dfrac{4}{5}$

● 一般化2

最初の設定では，$P(\text{A恩赦}) = P(\text{B恩赦}) = P(\text{C恩赦}) = 1/3$ としているが，これを一般的な設定にしてみよう。つまり，

$$P(\text{A恩赦}) = p_a, \quad P(\text{B恩赦}) = p_b, \quad P(\text{C恩赦}) = p_c.$$

但し，$p_a, p_b, p_c \in [0, 1], p_a + p_b + p_c = 1$。このとき同様の計算をすると，各囚人が恩赦になると仮定したときの事後確率は，先と同じ以下となる。

$$P(\text{看守「B処刑」と言う} | \text{A恩赦}) = \frac{1}{2},$$

$$P(\text{看守「B処刑」と言う} | \text{B恩赦}) = 0,$$

$$P(\text{看守「B処刑」と言う} | \text{C恩赦}) = 1.$$

但し，「A恩赦」の条件の下で，「看守が「B処刑」と言う」確率は，「看守が「C処刑」と言う」確率と等しく1/2とした。そして，ベイズの公式を用いると，

$$P(\text{A恩赦} | \text{看守「B処刑」と言う}) = \frac{\frac{1}{2} \times p_a}{(\frac{1}{2} \times p_a) + (0 \times p_b) + (1 \times p_c)}$$

$$= \frac{p_a}{p_a + 2p_c}.$$

上記の確率を $Q(p_a, p_b, p_c)$ とおく。即ち,

$$Q(p_a, p_b, p_c) = \frac{p_a}{p_a + 2p_c}. \tag{4.4}$$

ここで,「看守が「B 処刑」と言う」条件の下でも,「A 恩赦」の確率が変わらない,つまり, $P(\text{A 恩赦}) = P(\text{A 恩赦} \mid \text{看守「B 処刑」と言う})$ の条件を求める。これは,式(4.4)より,

$$\frac{p_a}{p_a + 2p_c} = p_a$$

となり, $p_a + p_b + p_c = 1$ を用いると,以下が得られる。

$$Q(p_a, p_b, p_c) = p_a \iff p_b = p_c.$$

実際最初の問題の設定は, $p_a = p_b = p_c = 1/3$ であったが,

$$Q\left(\frac{1}{3}, \frac{1}{3}, \frac{1}{3}\right) = \frac{\frac{1}{3}}{\frac{1}{3} + 2 \times \frac{1}{3}} = \frac{1}{3} = p_a$$

となり,「看守が「B 処刑」と言う」条件の下でも変わらない。同様に,

$$Q(p_a, p_b, p_c) > p_a \iff p_b > p_c$$

が導かれる。例えば,

$$Q\left(\frac{2}{6}, \frac{3}{6}, \frac{1}{6}\right) = \frac{\frac{2}{6}}{\frac{2}{6} + 2 \times \frac{1}{6}} = \frac{1}{2} > \frac{1}{3} = p_a$$

となり,「看守が「B 処刑」と言う」条件の下で確率が高くな

る。しかし，逆もありえる。実際，

$$Q(p_a, p_b, p_c) < p_a \iff p_b < p_c$$

なので，例えば，

$$Q\left(\frac{2}{6}, \frac{1}{6}, \frac{3}{6}\right) = \frac{\frac{2}{6}}{\frac{2}{6} + 2 \times \frac{3}{6}} = \frac{1}{4} < \frac{1}{3} = p_a$$

となり，「看守が「B 処刑」と言う」条件の下で確率が低くなる。

問題4.3.2 $p_a = 2/7$, $p_b = 1/7$, $p_c = 4/7$ のとき，囚人 A が恩赦になる事後確率を求めよ。

解答4.3.2 式(4.4) より，

$$Q\left(\frac{2}{7}, \frac{1}{7}, \frac{4}{7}\right) = \frac{\frac{2}{7}}{\frac{2}{7} + 2 \times \frac{4}{7}} = \frac{1}{5}$$

4.4 モンティ・ホール問題

　モンティ・ホール問題[3] は，モンティ・ホール(Monty Hall) が司会を務めるアメリカのゲームショー「仰天がっぽりクイズ (Let's make a deal)」に由来する確率の問題である。この問題が有名になったのは，1990 年にパレード誌の中のマリリン・

---

*3 クイズショーの問題とも呼ばれる。例えば，数学的内容は，熊谷(2003)[34]の第1章を，有名になった経緯など周辺の話題については，ローゼンタール(2007)[45]の第14章やローゼンハウス(2013)[46]を参照のこと。

ヴォス・サヴァント（Marilyn vos Savant）の「マリリンに訊いてみよう（Ask Marilyn）」という質問と回答のコラムでこの問題の解が議論された後，実際には正答であったにも関わらず，多くの読者が「彼女の解答は間違っている」などと投書したことによる。さて，このいわくつきの「モンティ・ホール問題」は以下である。

　プレイヤーは，3つのドアを見せられる。ドアの1つの後ろにはプレイヤーが獲得できる景品（例えば，新車）があり，一方，他の2つのドアにはヤギ（景品がなく，ハズレであることを意味している）が入っている。ショーの司会者は，それぞれのドアの後ろに何があるか知っているのに対し，プレイヤーは知らない。

　まずプレイヤーが3つのドアのうち1つを選択する。司会者のモンティは，他の2つのドアのうち1つを開け，ヤギをみせる。そして司会者はプレイヤーに，初めの選択のままでよいか，もう1つの閉じているドアに変更するか，どちらかの選択権を提供する。プレイヤーは，最初の選択を変更すべきだろうか？

　問題を以下のように設定しよう。本質的に同じなので，3つのドア，A, B, C の A をプレイヤーが選択するとしよう。A, B, C が当たるのは等確率なので，

$$P(\text{A が当たり}) = P(\text{B が当たり}) = P(\text{C が当たり}) = \frac{1}{3}.$$

　次に，以下の事象を考える。

$O_B = \{$司会者はドア B を開ける$\}$，$O_C = \{$司会者はドア C を開ける$\}$.

このとき，

$$P(O_B \mid \text{A が当たり}) = p,$$
$$P(O_B \mid \text{B が当たり}) = 0,$$
$$P(O_B \mid \text{C が当たり}) = 1$$

とする。従って，ベイズの公式より，

$$P(\text{A が当たり} \mid O_B) = \frac{p \times \frac{1}{3}}{(p \times \frac{1}{3}) + (0 \times \frac{1}{3}) + (1 \times \frac{1}{3})} = \frac{p}{p+1}$$

と計算される。ここで，2番目の式の分子は，

$$P(O_B \mid \text{A が当たり})\, P(\text{A が当たり}) = p \times \frac{1}{3}$$

2番目の式の分母は，

$$P(O_B \mid \text{A が当たり})\, P(\text{A が当たり}) = p \times \frac{1}{3},$$

$$P(O_B \mid \text{B が当たり})\, P(\text{B が当たり}) = 0 \times \frac{1}{3},$$

$$P(O_B \mid \text{C が当たり})\, P(\text{C が当たり}) = 1 \times \frac{1}{3}$$

の3項を加えることにより導かれる。同様に，

$$P(\text{B が当たり} \mid O_B) = \frac{0 \times \frac{1}{3}}{\left(p \times \frac{1}{3}\right) + \left(0 \times \frac{1}{3}\right) + \left(1 \times \frac{1}{3}\right)} = 0,$$

$$P(\text{C が当たり} \mid O_B) = \frac{1 \times \frac{1}{3}}{\left(p \times \frac{1}{3}\right) + \left(0 \times \frac{1}{3}\right) + \left(1 \times \frac{1}{3}\right)} = \frac{1}{p+1}.$$

以上より,

$$P(\text{A が当たり} \mid O_B) \leq P(\text{C が当たり} \mid O_B) \iff \frac{p}{p+1} \leq \frac{1}{p+1}$$

なので, 任意の $p \in [0, 1]$ に対して, $P(\text{A が当たり} \mid O_B) \leq P$(C が当たり $\mid O_B$) がいえる。即ち, 司会者がドア B を開けたもとでは, 最初に選択したドア A からドア C に変えた方が当たる確率が(変わらない場合も含め)高くなることが分かる[4]。またこの計算は, 三囚人問題の「拡張1」の場合の計算と同じであることもみてとれる。

同様に, 司会者がドア C を開けた場合について計算してみよう。このときは,

$$P(O_C \mid \text{A が当たり}) = 1 - p,$$
$$P(O_C \mid \text{B が当たり}) = 1,$$
$$P(O_C \mid \text{C が当たり}) = 0$$

となる。従って, ベイズの公式より,

$$P(\text{A が当たり} \mid O_C) = \frac{(1-p) \times \frac{1}{3}}{\left((1-p) \times \frac{1}{3}\right) + \left(1 \times \frac{1}{3}\right) + \left(0 \times \frac{1}{3}\right)} = \frac{1-p}{2-p}$$

---

*4 $p=1$ のとき, 等号が成立し $1/2$ である。

と計算される。ここで，2番目の式の分子は，

$$P(O_C|\text{A が当たり})\,P(\text{A が当たり}) = (1-p) \times \frac{1}{3}$$

2番目の式の分母は，

$$P(O_C|\text{A が当たり})\,P(\text{A が当たり}) = (1-p) \times \frac{1}{3},$$

$$P(O_C|\text{B が当たり})\,P(\text{B が当たり}) = 1 \times \frac{1}{3},$$

$$P(O_C|\text{C が当たり})\,P(\text{C が当たり}) = 0 \times \frac{1}{3}$$

の3項を加えることにより導かれる。同様に，

$$P(\text{B が当たり}\,|O_C) = \frac{1 \times \frac{1}{3}}{\left((1-p) \times \frac{1}{3}\right) + \left(1 \times \frac{1}{3}\right) + \left(0 \times \frac{1}{3}\right)} = \frac{1}{2-p},$$

$$P(\text{C が当たり}\,|O_C) = \frac{0 \times \frac{1}{3}}{\left((1-p) \times \frac{1}{3}\right) + \left(1 \times \frac{1}{3}\right) + \left(0 \times \frac{1}{3}\right)} = 0,$$

以上より，

$$P(\text{A が当たり}\,|O_C) \leq P(\text{B が当たり}\,|O_C) \iff \frac{1-p}{2-p} \leq \frac{1}{2-p}$$

なので，任意の $p \in [0,1]$ に対して，$P(\text{A が当たり}\,|O_C) \leq P(\text{B が当たり}\,|O_C)$ がいえる[5]。即ち，司会者がドアCを開けたもとでは，最初に選択したドアAからドアBに変えた方が当た

---

*5　$p=0$ のとき，等号が成立し $1/2$ である。

る確率が(変わらない場合も含め)高くなることが分かる[6]。

以上2つの場合より，任意の$p \in [0,1]$に対して，司会者がドアBを開けたとしても，或いは，ドアCを開けたとしても，そのもとでは，最初に選択したドアから開いていないドアに変えた方が当たる確率が(変わらない場合も含め)高くなることが分かる。

特に，司会者が等確率の$p = 1/2$で開けた場合には，司会者がドアBを開けたとき，

$$P(\text{Aが当たり} \mid O_B) \leq P(\text{Cが当たり} \mid O_B) \iff \frac{p}{p+1} \leq \frac{1}{p+1}$$

$$\iff \frac{1}{3} \leq \frac{2}{3},$$

或いは，ドアCを開けたとき，

$$P(\text{Aが当たり} \mid O_C) \leq P(\text{Bが当たり} \mid O_C) \iff \frac{1-p}{2-p} \leq \frac{1}{2-p}$$

$$\iff \frac{1}{3} \leq \frac{2}{3}$$

となり，いずれの場合も，1/3から2/3に当たる確率が高くなり，変更したほうが良いという結論が得られる。

このような確率計算も，三囚人問題と同様に，実は，図4.2

---

[6] この$(1-p)/(2-p)$は，三囚人問題の「一般化1」で，$P(\text{A恩赦} \mid$ 看守「C処刑」と言う)に等しいことが分かる。

を見ると一目瞭然である。つまり、「Bを開ける」（灰色の部分）の「A当たり」の割合は1/3であるが、「C当たり」の割合は2/3になっている。同様に、「Cを開ける」（青色の部分）の「A当たり」の割合は1/3であるが、「B当たり」の割合は2/3になる。従って、いずれの場合も変更したほうがよい。

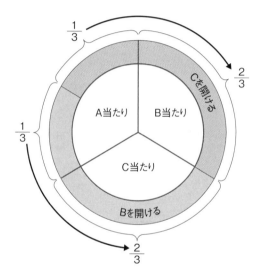

図 4.2　$p = 1/2$ の場合

問題4.4.1　$p = 1/3$ のとき、司会者がドア B を開けた場合のそれぞれのドアが当たりである確率を求めよ。

解答4.4.1

$$P(A\ \text{が当たり} \mid O_B) = \frac{p}{p+1} = \frac{1}{4},$$

$$P(B \text{ が当たり} \mid O_B) = 0,$$

$$P(C \text{ が当たり} \mid O_B) = \frac{1}{p+1} = \frac{3}{4}.$$

● 一般化

上記の設定ではドアの数が3であったがその数を一般にNとし，司会者が開ける数も$N-2$としたらどうなるであろうか。以下同様に考えてみる。まず，本質的に同じなので，N個のドアA(1), A(2), ..., A(N) のうちドアA(1)をプレイヤーが選択するとしよう。当たりは等確率なので，

$$P(\text{A}(1) \text{ が当たり}) = P(\text{A}(2) \text{ が当たり}) = \cdots = P(\text{A}(N) \text{ が当たり})$$

$$= \frac{1}{N}.$$

次に，以下の事象を考える。

$O_i = \{$司会者はドアA(1)とドアA(i)以外の

$N-2$個のドアを開ける$\}$.

但し，$i = 2, 3, \ldots, N$。まず，$i = 2$とすると，

$$P(O_2 \mid \text{A}(1) \text{ が当たり}) = \frac{1}{N-1},$$

$$P(O_2 \mid \text{A}(2) \text{ が当たり}) = 1,$$

$$P(O_2 \mid \text{A}(j) \text{ が当たり}) = 0 \ (j = 3, 4, \ldots, N)$$

が得られる。従って，ベイズの公式より，

$$P(\text{ドア A}(1)\text{選択} \,|\, O_2) = \frac{\frac{1}{N-1} \times \frac{1}{N}}{\left(\frac{1}{N-1} \times \frac{1}{N}\right) + \left(1 \times \frac{1}{N}\right) + \left(0 \times \frac{1}{N}\right) + \cdots + \left(0 \times \frac{1}{N}\right)}$$

$$= \frac{1}{N}$$

と計算される。ここで，2 番目の式の分子は，

$$P(O_2 \,|\, \text{A}(1) \text{ が当たり}) \, P(\text{A}(1) \text{ が当たり}) = \frac{1}{N-1} \times \frac{1}{N},$$

2 番目の式の分母は，

$$P(O_2 \,|\, \text{A}(1) \text{ が当たり}) \, P(\text{A}(1) \text{ が当たり}) = \frac{1}{N-1} \times \frac{1}{N},$$

$$P(O_2 \,|\, \text{A}(2) \text{ が当たり}) \, P(\text{A}(2) \text{ が当たり}) = 1 \times \frac{1}{N},$$

$$P(O_2 \,|\, \text{A}(j) \text{ が当たり}) \, P(\text{A}(i) \text{ が当たり}) = 0 \times \frac{1}{N}$$
$$(j = 3, 4, \ldots, N)$$

の N 項を加えることより導かれる。同様に，以下が得られる。

$$P(\text{A}(2)\text{が当たり} \,|\, O_2) = \frac{1 \times \frac{1}{N}}{\left(\frac{1}{N-1} \times \frac{1}{N}\right) + \left(1 \times \frac{1}{N}\right) + \left(0 \times \frac{1}{N}\right) + \cdots + \left(0 \times \frac{1}{N}\right)}$$

$$= \frac{N-1}{N},$$

$$P(\text{A}(j)\text{が当たり} \,|\, O_2) = \frac{0 \times \frac{1}{N}}{\left(\frac{1}{N-1} \times \frac{1}{N}\right) + \left(1 \times \frac{1}{N}\right) + \left(0 \times \frac{1}{N}\right) + \cdots + \left(0 \times \frac{1}{N}\right)}$$

$$= 0 \quad (j = 3, 4, \ldots, N).$$

以上より，

$$P(\text{A}(1) \text{ が当たり} \,|\, O_2) \leq P(\text{A}(2) \text{ が当たり} \,|\, O_2) \iff \frac{1}{N} \leq \frac{N-1}{N}$$

なので，任意の $N \geq 3$ に対して，$P(\text{A}(1)$ が当たり $|\,O_2) \leq P(\text{A}(2)$ が当たり $|\,O_2)$ がいえる。司会者は，事象 O_2 より，ドア A(3) からドア A(N) までの合計 $N-2$ 個のドアを開けるので，プレイヤーが変更を選択できるドアは A(2) しかないことに注意。以上より，司会者がドア A(3) からドア A(N) を開けたもとでは，最初に選択したドア A(1) からドア A(2) に変えた方が確率が高くなることが分かる。

同様に，A(1) が当たりのとき，司会者がどの $N-1$ 個のドアを開けるかという確率は等確率で $1/(N-1)$ としている。つまり，

$$P(O_m|\text{A}(1) \text{ が当たり}) = \frac{1}{N-1} \quad (m = 2, 3, \ldots, N).$$

先の $N=3$ の例では $p=1/2$ に対応。従って，対称性から残りの $k = 3, 4, \ldots, N$ に対しても，

$$P(\text{A}(1) \text{ が当たり} \,|\, O_k) = \frac{1}{N} \leq \frac{N-1}{N} = P(\text{A}(k) \text{ が当たり} \,|\, O_k)$$

が示せる。実際，$N=3$ で $p=1/2$ の場合は，$O_B = O_3, O_C = O_2$ に対応している。

COLUMUN 4

データの不正を見抜けるかもしれない
「法則X」とは？

　データの不正を見抜けるかもしれない「法則X」を紹介する。それは，国別の人口など，ある種のデータの先頭の数字の割合が「法則X」に従うというものだ。データの先頭数字になるのは，1，2，…，9の9種類である。従って，初めて聞かれた方は，「それらの数字が均等に出る」と思うのではないだろうか。つまり，それぞれの数字が，1/9＝0.111…の確率，即ち，約11パーセントで出現すると予想される。それを検証するために，ここでは，国別の人口とは全く違う種類のデータについて調べた。

　仮想通貨(暗号資産)の「ビットコイン(Bitcoin)」は聞かれたことがあると思う。ビットコインの価格は，2017年1月頃，1BIT(ビットコインの通貨単位)が10万円前後だったが，その年の12月頃には，まさにバブル的高騰により一時は200万円を超えた。実は，2019年2月16日の時点では，仮想通貨はビットコインだけではなく，2000種類近くもある。そして，仮想通貨全体の時価総額は約13兆円だ。ここで，「時価総額」とは，仮想通貨の発行量に価格を掛けたもので，仮想通貨の規模や価値を示すものである。仮想

通貨の中で時価総額が一番多いのは，ビットコインで全体のほぼ半分を占める。そこで，CoinMarketCap のサイトで，1154 種類の仮想通貨について，先頭数字の数を調べてみた。例えば，ビットコインは，約7兆円，正確には，7,046,418,626,883 円なので，その先頭数字は「7」である。

さて，1154 種類の仮想通貨について，先頭数字の数（統計ではこのような数を「度数」と言う）に関する結果が以下の表である。

先頭数字	1	2	3	4	5	6	7	8	9	合計
度数	362	180	134	107	92	77	90	67	45	1154
%（仮想通貨）	31.4	15.6	11.6	9.3	8.0	6.7	7.8	5.8	3.9	100.1

表 4.1[1]

先頭数字の割合が予想に反して，一様に分布していないことがわかる。つまり，1/9＝0.111… の確率，即ち，約11％で出現しないで，「1」のように数字が小さい方が現れやすい。実際に，先頭数字が「1」である確率は約30％で，大体3分の1である。そして，数が大きくなるに従い，大体減少し，「9」になると現れる確率は約4％になっている。

---

*1 各度数を総数1154で割って，小数第二位を四捨五入しているので，100 ではなく100.1になっている。

　実は，先頭数字の分布が従う「法則X」は「**ベンフォー
ドの法則**」というものだ。このように名付けられたのは，
1938 年に物理学者のフランク・ベンフォード(Frank
Benford)がこの法則を提唱したからである。しかし，この
法則はそれ以前、1881 年に天文学者・数学者でもあるサイ
モン・ニューカムによって提示されていたようだ。

　ベンフォードの法則を1154 種類の仮想通貨の表に対応さ
せると，以下の表が得られる。

先頭数字	1	2	3	4	5	6	7	8	9	合計
度数	347	203	144	112	91	77	67	59	53	1153
%（法則）	30.1	17.6	12.5	9.7	7.9	6.7	5.8	5.1	4.6	100.0
%（仮想通貨）	31.4	15.6	11.6	9.3	8.0	6.7	7.8	5.8	3.9	100.1

表 4.2 [2]

　実際の値とかなり近いことが見て取れる。この一見直感
に反するような結果は，人口だけでなく，株価，川の長さ
など，フラクタルで知られているベキ分布に従う現象な
ど，様々な種類のデータに適用できることが知られている。

---

[2]　表の%（法則）が，ベンフォードの法則に従う割合である。尚，総数1154 に%
をかけて，小数第一位を四捨五入しているので，1154 ではなく1153 になって
いる。

蛇足であるが，「先頭数字」ではなく「末尾数字」はどうであろうか。実は，先頭数字の分布が「ベンフォードの法則」にもとづくような場合には，その末尾数字の分布は，桁数が大きくなると，一様になることが知られている。このときは，「0」も含まれるので，0から9までが1/10の確率で現れる。

　さて，統計データの不正を見抜けるかもしれない法則として，ベンフォードの法則を紹介した。実際に帳簿の数字がこの法則とはかけ離れたものであることを発見することにより，帳簿の不正発覚のきっかけになったという例もあるようだ，興味を持たれた方は，色々なデータで「ベンフォードの法則」が成り立つのか，調べてみてはいかがだろうか[3]。

---

*3　詳しくは，例えば，今野 (2019) [31] や竹居 (2020) [48] の 6.2 節も参照して頂きたい。

第 5 章

四元数多項式の
解の公式

この章では，複素数を拡張した四元数を係数に持つ多項式，特に，3次方程式ですら，その解の公式が求まっていないことを紹介する。実は，2次方程式の解の公式であっても，部分的にしか求められていない。そのために，本章の前半では四元数の基本的な性質について多くの練習問題を解くことで慣れて頂く。そして，その後，未解決問題について述べる。

5.1 | 四元数の入口

最初に，実数，複素数，四元数の違いについて簡単に紹介する。そのために，ちょっと粗い問題設定ではあるが，2次方程式 $x^2 + 1 = 0$ の解の個数について考えてみよう。方程式は，$x^2 = -1$ と書き直した方が，分かりやすいかもしれない。

まず，解の世界を「実数」だけに限ると，$x^2 \geq 0$ なので，解は存在しない。即ち，解の個数は0である。

次に，解の世界を「複素数」まで広げると，$x = i, x = -i$ と2個存在することが分かる。但し，i は虚数単位で，$i = \sqrt{-1}$，また，$i^2 = -1$ を満たす。$x = i$ が解になることは，i の満たす関係式，$i^2 = -1$ そのものであるため明らかである。一方，$x = -i$ も解になることは，$(-i)^2 = i^2 = -1$ よりすぐに導かれる。

実は，下記の複素数の係数，$a_{n-1}, a_{n-2}, \ldots, a_1, a_0$ をもつ n

次方程式は重複を許せば，ちょうど $x^2+1=0$ が2個の解をもったように，n 個の解をもつ。ここで，重複を許すとは，例えば，$x^3=0$ の解 $x=0$ は3個と数えることである。

$$x^n + a_{n-1}x^{n-1} + a_{n-2}x^{n-2} + \cdots + a_1x + a_0 = 0$$

この結果は，代数学の基本定理とも呼ばれ，1799年にガウスによって証明された。

　さて，複素数 z は実数 a, b を用いて，$z = a + bi$ と一意的に表される。但し，先にも述べたように，i は $i^2 = -1$ を満たす。この複素数の拡張の一つである四元数は，1843年にハミルトンによって発見された。

　四元数とは，実数 a, b, c, d によって，$z = a + bi + cj + dk$ と表され，i, j, k は以下の関係式を満たす。

$$i^2 = j^2 = k^2 = -1,$$

$$ij = -ji = k, \quad jk = -kj = i, \quad ki = -ik = j.$$

ここで，$c = d = 0$ ならば，$z = a + bi$ なので，複素数になる。この四元数は，3次元空間内での回転を扱うのに優れた面もあり，コンピュータグラフィックス(CG)や航空機の制御などへの応用もある[1]。

　前置きが長くなったが，この複素数を拡張した四元数の世界

---

*1　応用など種々の話題の参考文献として，例えば，Adler (1995) [1]，コンウェイ，スミス(2006) [10]，堀(2007) [16]，Jia et al. (2009) [21]，金谷(2004) [23]，[24]，金谷(2014) [25]，今野(2016) [29]，松岡(2020) [38]，矢野(2014) [50]，Zhang (1997) [52] などがある。

で，2次方程式「$x^2+1=0$」の解の個数を求めてみよう。

例えば，i だけでなく，j や k も $j^2=k^2=-1$ を満たすので，すぐに2個だけではなく，少なくとも3個以上の解があることが分かる。しかも，$-i, -j, -k$ も解であることも直ちに確かめられるから，少なくとも6個は存在することが分かる。それどころか，5.6節で解説するように，実は「無限個！」存在することが示せるのだ。

では，関連する問題として，2次方程式 $x^2-1=0$ の場合はどうであろうか。今度は，これも5.6節でふれるように，$x=\pm 1$ の2個しか解がないことが分かる。

このように，四元数まで拡張すると，2次方程式の解の個数ですら一筋縄にはいかないので，面白い。

5.2 複素数とは

ここからの5.2節，5.3節では，四元数を導入するための準備として複素数について述べる。複素数の性質についてすでに学習している場合，5.4節から読み始めてもよいだろう。

$\mathbb{R}$ を実数全体の集合とする。**複素数**(complex number)とは，$x=x_0+x_1 i \, (x_0, x_1 \in \mathbb{R})$ と表され，i は以下の関係式を満たす。

$$i^2 = -1.$$

そして，複素数全体の集合を $\mathbb{C}$ と表す。また，特に断らない限り，$x = x_0 + x_1 i \in \mathbb{C}$ のような表記のときは，$x_0, x_1 \in \mathbb{R}$ と考える。

また，

$$x_0 + x_1 i = y_0 + y_1 i$$

と $x_0 = y_0, x_1 = y_1$ とが同値である。従って，

$$x_0 + x_1 i = 0$$

と $x_0 = x_1 = 0$ とが同値になる。

さて，$x_0, x_1, y_0, y_1 \in \mathbb{R}$ としたとき，$x = x_0 + x_1 i, y = y_0 + y_1 i \in \mathbb{C}$ に対して，和と差を，

$$x + y = (x_0 + y_0) + (x_1 + y_1) i,$$
$$x - y = (x_0 - y_0) + (x_1 - y_1) i,$$

と定める。一方，積に関しては，

$$xy = x_0 y_0 - x_1 y_1 + (x_0 y_1 + x_1 y_0) i \tag{5.1}$$

とする。従って，上式で $x = y$ とすると，以下が導かれる。

$$x^2 = x_0^2 - x_1^2 + 2 x_0 x_1 i.$$

また，商に関しては，$y \neq 0$ に対して，

$$\frac{x}{y} = \frac{x_0 y_0 + x_1 y_1}{y_0^2 + y_1^2} + \left(\frac{-x_0 y_1 + x_1 y_0}{y_0^2 + y_1^2} \right) i$$

次に，$x = x_0 + x_1 i \in \mathbb{C}$ に対して，x の実部（real part）を x_0 とし，$\Re(x)$ で表す。また，x の虚部（imaginary part）を $x_1 i$

とし，$\Im(x)$ で表す。通常は，$\Im(x) = x_1$ であるが，後の四元数との対応で，$x_1 i$ としておく。また，x の共役(conjugate)を

$$\overline{x} = x^* = x_0 - x_1 i$$

とし，x^* を共役複素数(conjugate complex number)と呼ぶ。複素数だけ考えるときは，$\overline{x}$ が通常使われるが，四元数の場合には x^* の方がなじむので(xを行列のように考えるため)，ここでは x^* を主に使う。

　x の絶対値を以下で定める。

$$|x| = \sqrt{xx^*} = \sqrt{x^*x} = \sqrt{x_0^2 + x_1^2}.$$

ここで，$xx^* = x^*x$ が成り立っている。実際，式(5.1)を用いると，

$$xx^* = x_0^2 + x_1^2.$$

同様に $x^*x = x_0^2 + x_1^2$ が導かれる。故に，$xx^* = x^*x$ が得られた。従って，$|x| = \sqrt{xx^*} = \sqrt{x^*x}$ から，

$$|x| = \sqrt{x_0^2 + x_1^2}.$$

が成立していることが分かる。また，上式より，$|x| = 0$ と $x = 0$ が同値であることが導かれる。何故なら，$|x| = 0$ から，$x_0^2 + x_1^2 = 0$。故に x_n $(n = 0, 1)$ は全て実数なので，$x_0 = x_1 = 0$ となり，$x = 0$ が導かれる。逆は明らか。

5.3 複素数の性質

命題5.3.1　複素数 $x, y, z \in \mathbb{C}$ に対して，以下が成立する。

(1) 和の結合法則 $(x + y) + z = x + (y + z)$.

(2) 積の結合法則 $(xy)z = x(yz)$.

(3) 和の可換法則 $x + y = y + x$.

(4) 積の可換法則 $xy = yx$.

(5) 分配法則 $x(y + z) = xy + xz$.

(6) $|x + y| \le |x| + |y|$.

(7) $|x|^2 + |y|^2 = \dfrac{1}{2}\left(|x+y|^2 + |x-y|^2\right)$.

問題5.3.1　$x = 1 + i$ に対して，x^2 を求めよ。

解答5.3.1　$x^2 = 2i$.

命題5.3.2　複素数 x, y に対して，以下が成立する。

(1) $(x^*)^* = x$.

(2) $(x + y)^* = x^* + y^*$.

(3) $(xy)^* = x^* y^*$.

(4) $\left(\dfrac{x}{y}\right)^* = \dfrac{x^*}{y^*}$. 但し，$y \ne 0$.

(5) $|x|^2 = xx^*$.

(6) $|x| = |x^*|$.

(7) $x_0 = \Re(x) = \dfrac{x + x^*}{2}$, $\quad x_1 = \Im(x) = \dfrac{x - x^*}{2}$.

(8) x が実数 $\Leftrightarrow x = x^*$, x が純虚数 $\Leftrightarrow x = -x^*$.

(9) $\arg(x^*) = -\arg(x)$.

但し，$A \Leftrightarrow B$ は A と B が同値であることを表す。

$x \in \mathbb{C}$ で $|x| = 1$ のとき，x は**単位複素数**(unit complex number)という。例えば，以下は単位複素数である。

$$1, -1, i, \frac{1+i}{\sqrt{2}}.$$

さて，x に対して，$xy = 1$ となるような y は，x の**逆元**(inverse element)といい，x^{-1} と表す。このとき，$x \neq 0$ であることに注意。そして，x の逆元は以下で与えられる。

$$x^{-1} = \frac{x^*}{|x|^2}.$$

実際に，

$$xx^{-1} = x\frac{x^*}{|x|^2} = \frac{x\,x^*}{|x|^2} = \frac{|x|^2}{|x|^2} = 1$$

が成り立つ。

問題 5.3.2 $(1+i)^{-1}$ を求めよ。

解答 5.3.2

$$(1+i)^{-1} = \frac{1}{1+i} = \frac{(1+i)^*}{(1+i)(1+i)^*} = \frac{(1+i)^*}{|1+i|^2} = \frac{1-i}{2}.$$

問題 5.3.3　$|x^{-1}| = \dfrac{1}{|x|}$ を示せ。

解答 5.3.3

$$|x^{-1}| = \left|\frac{1}{x}\right| = \left|\frac{x^*}{xx^*}\right| = \left|\frac{x^*}{|x|^2}\right| = \frac{|x|}{|x|^2} = \frac{1}{|x|}.$$

問題 5.3.4　$(xy)^{-1} = x^{-1}y^{-1}$ を示せ。

解答 5.3.4　$(xy)^* = x^*y^*$ と $|xy| = |x||y|$ に注意すると以下を得る。

$$(xy)^{-1} = \frac{(xy)^*}{|xy|^2} = \frac{x^*y^*}{|xy|^2} = \frac{x^*}{|x|^2} \times \frac{y^*}{|y|^2} = x^{-1}y^{-1}.$$

5.4 ｜ 四元数とは

さて，四元数 (quarternion) とは，$x = x_0 + x_1 i + x_2 j + x_3 k$ (x_0, x_1, x_2, $x_3 \in \mathbb{R}$) と表され，i, j, k は以下の関係式を満たす。

$$i^2 = j^2 = k^2 = -1,$$

$$ij = -ji = k, \quad jk = -kj = i, \quad ki = -ik = j.$$

本書では，四元数全体の集合を，発見者ハミルトン（Hamilton）の頭文字をとり $\mathbb{H}$ と表すことにする。四元数（quarternion）の英語表記の頭文字をとって，$\mathbb{Q}$ と表している本や論文もあるので注意。また，特に断らない限り，$x = x_0 + x_1 i + x_2 j + x_3 k \in \mathbb{H}$ のような表記のときは，$x_0, x_1, x_2, x_3 \in \mathbb{R}$ と考える。

問題5.4.1 ijk を求めよ。

解答5.4.1 $ijk = (ij)k = k^2 = -1$。また，$ijk = i(jk) = i^2 = -1$。なので，いずれにせよ，$ijk = -1$ となる。実は，積の結合法則が成り立っているので，順番にはよらず等しい値になるので，どちらか一方で計算すればよい。

問題5.4.2 kji を求めよ。

解答5.4.2 $kji = (kj)i = (-i)i = 1$. よって，前の問題の結果より，$kji \neq ijk$，つまり，$kji = -ijk (= 1)$ である。

　特に，$x_2 = x_3 = 0$ の場合，$x = x_0 + x_1 i \ (x_0, x_1 \in \mathbb{R})$ で表される数は複素数であり，複素数全体の集合を $\mathbb{C}$ と表した。従って，四元数は，複素数の拡張になっている。
　また，

$$x_0 + x_1 i + x_2 j + x_3 k = y_0 + y_1 i + y_2 j + y_3 k$$

と $x_0 = y_0, x_1 = y_1, x_2 = y_2, x_3 = y_3$ とが同値である。従って，

$$x_0 + x_1 i + x_2 j + x_3 k = 0$$

と $x_0 = x_1 = x_2 = x_3 = 0$ とが同値になる。

さて，$x = x_0 + x_1 i + x_2 j + x_3 k, y = y_0 + y_1 i + y_2 j + y_3 k \in \mathbb{H}$ に対して，和を，

$$x + y = (x_0 + y_0) + (x_1 + y_1)i + (x_2 + y_2)j + (x_3 + y_3)k$$

と定める。

問題5.4.3　$x = 1 + i + j + k, y = 1 - 2i + 3j - 4k$ のとき，$x + y$ を求めよ。

解答5.4.3　$x + y = 2 - i + 4j - 3k.$

問題5.4.4　$x = 1 + i + j + k, y = 1 - i - j - k$ のとき，$x + y$ を求めよ。

解答5.4.4　$x + y = 2.$

一方，積に関しては分配法則が成立していて，

$$\begin{aligned}
xy = {} & x_0 y_0 - x_1 y_1 - x_2 y_2 - x_3 y_3 \\
& + (x_0 y_1 + x_1 y_0 + x_2 y_3 - x_3 y_2)i \\
& + (x_0 y_2 - x_1 y_3 + x_2 y_0 + x_3 y_1)j \\
& + (x_0 y_3 + x_1 y_2 - x_2 y_1 + x_3 y_0)k
\end{aligned} \tag{5.2}$$

となる。

問題5.4.5 式 (5.2) を確かめよ。

解答5.4.5

$$xy = (x_0 + x_1 i + x_2 j + x_3 k) y_0 + (x_0 + x_1 i + x_2 j + x_3 k) y_1 i$$
$$+ (x_0 + x_1 i + x_2 j + x_3 k) y_2 j + (x_0 + x_1 i + x_2 j + x_3 k) y_3 k$$
$$= x_0 y_0 + x_1 y_0 i + x_2 y_0 j + x_3 y_0 k + x_0 y_1 i + x_1 y_1 ii + x_2 y_1 ji + x_3 y_1 ki$$
$$+ x_0 y_2 j + x_1 y_2 ij + x_2 y_2 jj + x_3 y_2 kj + x_0 y_3 k + x_1 y_3 ik + x_2 y_3 jk$$
$$+ x_3 y_3 kk$$
$$= x_0 y_0 + x_1 y_0 i + x_2 y_0 j + x_3 y_0 k + x_0 y_1 i - x_1 y_1 - x_2 y_1 k + x_3 y_1 j$$
$$+ x_0 y_2 j + x_1 y_2 k - x_2 y_2 - x_3 y_2 i + x_0 y_3 k - x_1 y_3 j + x_2 y_3 i - x_3 y_3$$

これを整理して，式 (5.2) を得る。

問題5.4.6 $x = 1 + i,\, y = j + k$ のとき，xy を求めよ。

解答5.4.6 $xy = (1 + i)(j + k) = j + ij + k + ik = j + k + k - j$
$$= 2k.$$

問題5.4.7 $x = 1 + i + j + k,\, y = 1 - i - j - k$ のとき，xy を求めよ。

解答5.4.7

$$xy = (1 + i + j + k)(1 - i - j - k)$$
$$= (1 + i + j + k) + (1 + i + j + k)(-i) + (1 + i + j + k)(-j)$$
$$+ (1 + i + j + k)(-k)$$

$$= 1 + i + j + k - i + 1 + k - j - j - k + 1 + i - k + j - i + 1$$
$$= 4.$$

さて，式 (5.2) で $x = y$ とすると，以下が導かれる。この結果は，後で頻繁に用いられる。

命題5.4.1　$x = x_0 + x_1 i + x_2 j + x_3 k \in \mathbb{H}$ に対して，
$$x^2 = x_0^2 - x_1^2 - x_2^2 - x_3^2 + 2x_0(x_1 i + x_2 j + x_3 k).$$

問題5.4.8　$x = 1 + i + j + k$ に対して，x^2 を求めよ。

解答5.4.8　$x^2 = 1^2 - 1^2 - 1^2 - 1^2 + 2(i + j + k) = -2 + 2i + 2j + 2k.$

$x = x_0 + x_1 i + x_2 j + x_3 k, y = y_0 + y_1 i + y_2 j + y_3 k \in \mathbb{H}$ に対して，以下を x と y との内積 (inner product) といい，$\langle x, y \rangle$，あるいは，(x, y) で表す。即ち，
$$\langle x, y \rangle = x_0 y_0 + x_1 y_1 + x_2 y_2 + x_3 y_3.$$

問題5.4.9　$x = 1 + i + j + k$ に対して，$\langle x, x \rangle$ を求めよ。

解答5.4.9　$\langle x, x \rangle = 1^2 + 1^2 + 1^2 + 1^2 = 4.$

問題5.4.10　$x = j + 3k$ に対して，$\langle x, x \rangle$ を求めよ。

解答 5.4.10 $\langle x, x \rangle = 1^2 + 3^2 = 10.$

問題 5.4.11 $x = 1 + i + j + k, y = 1 + i - j - k$ に対して， $\langle x, y \rangle$ を求めよ。

解答 5.4.11 $\langle x, y \rangle = 0.$

問題 5.4.12 $x = j + 3k, y = 1 + 2i$ に対して，$\langle x, y \rangle$ を求めよ。

解答 5.4.12 $\langle x, y \rangle = 0.$

次に，$x = x_0 + x_1 i + x_2 j + x_3 k \in \mathbb{H}$ に対して，x の実部を x_0 とし，$\Re(x)$ で表す。また，x の虚部を $x_1 i + x_2 j + x_3 k$ とし，$\Im(x)$ で表す。また，x の共役を

$$\overline{x} = x^* = x_0 - x_1 i - x_2 j - x_3 k$$

とする。また，x の絶対値を以下で定める。

$$|x| = \sqrt{xx^*} = \sqrt{x^* x} = \sqrt{\langle x, x \rangle} = \sqrt{x_0^2 + x_1^2 + x_2^2 + x_3^2}.$$

ここで，$xx^* = x^* x$ が成り立っている（命題 5.5.3 の (2)）。実際，式 (5.2) を用いると，

$$\begin{aligned}
xx^* = {} & x_0 x_0 + x_1 x_1 + x_2 x_2 + x_3 x_3 \\
& + (-x_0 x_1 + x_1 x_0 - x_2 x_3 + x_3 x_2)i \\
& + (-x_0 x_2 + x_1 x_3 + x_2 x_0 - x_3 x_1)j
\end{aligned}$$

$$+ \left(-x_0 x_3 - x_1 x_2 + x_2 x_1 + x_3 x_0 \right) k$$
$$= x_0^2 + x_1^2 + x_2^2 + x_3^2.$$

同様に $x^* x = x_0^2 + x_1^2 + x_2^2 + x_3^2$ が導かれる。故に，$x x^* = x^* x$ が得られた。従って，$|x| = \sqrt{x x^*} = \sqrt{x^* x}$ から

$$|x| = \sqrt{x_0^2 + x_1^2 + x_2^2 + x_3^2}$$

が成立していることがわかる。また，上式より，$|x| = 0$ と $x = 0$ が同値であることが導かれる。何故なら，$|x| = 0$ から，$x_0^2 + x_1^2 + x_2^2 + x_3^2 = 0$。故に x_n $(n = 0, 1, 2, 3)$ は全て実数なので，$x_0 = x_1 = x_2 = x_3 = 0$ となり，$x = 0$ が導かれる。逆は明らか。

問題5.4.13　$x = 1 + i + j + k, x^* = 1 - i - j - k$ に対して，$x x^*$, $\langle x, x^* \rangle$ を求めよ。

解答5.4.13　$x x^* = 4, \ \langle x, x^* \rangle = -2.$

$x \in \mathbb{H}$ で $|x| = 1$ のとき，x は**単位四元数**(unit quaternion) と呼ばれる。例えば，以下は単位四元数である。

$$1, i, j, k, \frac{j + k}{\sqrt{2}}, \frac{1 + i + j + k}{2}.$$

問題5.4.14　$x = (1 + i + j + k)/2$ に対して，$\Re(x), \Im(x), \overline{x} = x^*, |x^*|$ を求めよ。

解答5.4.14　$\Re(x) = 1/2$, $\Im(x) = (i+j+k)/2$, $\overline{x} = x^* = (1 - i - j - k)/2$, $|x^*| = 1$.

問題5.4.15　$x = (i+j+k)/\sqrt{3}$ に対して, $\Re(x)$, $\Im(x)$, $\overline{x} = x^*$, $|x^*|$ を求めよ.

解答5.4.15　$\Re(x) = 0$, $\Im(x) = (i+j+k)/\sqrt{3}$, $\overline{x} = x^* = (-i-j-k)/\sqrt{3} = -x$, $|x^*| = 1$.

問題5.4.16　$x = x^*$ と $x \in \mathbb{R}$ とは同値であることを示せ.

解答5.4.16　$x = x^*$ ならば, $x_0 + x_1 i + x_2 j + x_3 k = x_0 - x_1 i - x_2 j - x_3 k$ より, $x_1 = x_2 = x_3 = 0$ なので, $x = x_0 \in \mathbb{R}$ が導かれる. 逆は明らか.

問題5.4.17　以下を示せ.
$$x^2 = |\Re(x)|^2 - |\Im(x)|^2 + 2\Re(x)\Im(x). \tag{5.3}$$

解答5.4.17
$$x^2 = x_0^2 - (x_1^2 + x_2^2 + x_3^2) + 2x_0(x_1 i + x_2 j + x_3 k)$$
$$= |\Re(x)|^2 - |\Im(x)|^2 + 2\Re(x)\Im(x).$$
最初の等号は命題5.4.1 より導かれる.

　ここで, 式(5.3)を用いて, 2次方程式の解の個数について考えてみよう.

問題5.4.18 x と x^* は,$t^2 - 2\Re(x)t + |x|^2 = 0$ の解であることを示せ。

解答5.4.18 まず,式(5.3)を用いて,x が解であることを示す。

$$x^2 - 2\Re(x)x + |x|^2$$

$$= |\Re(x)|^2 - |\Im(x)|^2 + 2\Re(x)\Im(x) - 2\Re(x)x + |x|^2$$

$$= |\Re(x)|^2 - |\Im(x)|^2 + 2\Re(x)\Im(x) - 2\Re(x)(\Re(x) + \Im(x))$$
$$+ |x|^2$$

$$= x_0^2 - (x_1^2 + x_2^2 + x_3^2) - 2x_0^2 + (x_0^2 + x_1^2 + x_2^2 + x_3^2)$$

$$= 0.$$

同様に,式(5.3)を用いて,x^* が解であることを示す。

$$(x^*)^2 - 2\Re(x^*)x^* + |x^*|^2$$

$$= |\Re(x^*)|^2 - |\Im(x^*)|^2 + 2\Re(x^*)\Im(x^*) - 2\Re(x^*)x^* + |x^*|^2$$

$$= |\Re(x^*)|^2 - |\Im(x^*)|^2 + 2\Re(x^*)\Im(x^*) - 2\Re(x^*)(\Re(x^*)$$
$$+ \Im(x^*)) + |x^*|^2$$

$$= x_0^2 - (x_1^2 + x_2^2 + x_3^2) - 2x_0^2 + (x_0^2 + x_1^2 + x_2^2 + x_3^2)$$

$$= 0.$$

以上より,x と x^* が,$t^2 - 2\Re(x)t + |x|^2 = 0$ の解であることが示された。

このように,2次方程式 $t^2 - 2\Re(x)t + |x|^2 = 0$ には少なくと

も2つの解があることが分かったが，5.1 節でも述べたように，解が無限に存在することを次の問題で確認する。

問題5.4.19 $y \in \mathbb{H}$ は，$\Re(y) = \Re(x)$ かつ $|\Im(y)| = |\Im(x)|$ を満たすとする。このとき，y は $t^2 - 2\Re(x)t + |x|^2 = 0$ の解であることを示せ。

解答5.4.19 式(5.3)より，

$$y^2 - 2\Re(x)y + |x|^2$$
$$= |\Re(y)|^2 - |\Im(y)|^2 + 2\Re(y)\Im(y) - 2\Re(x)y + |x|^2$$
$$= |\Re(y)|^2 - |\Im(y)|^2 + 2\Re(y)\Im(y) - 2\Re(x)(\Re(y) + \Im(y))$$
$$+ |x|_2$$
$$= |\Re(x)|^2 - |\Im(x)|^2 + 2\Re(x)\Im(y) - 2\Re(x)(\Re(x) + \Im(y))$$
$$+ |x|^2$$
$$= 0.$$

途中，$\Re(y) = \Re(x)$ かつ $|\Im(y)| = |\Im(x)|$ を使用した。

$\Re(y) = \Re(x)$ かつ $|\Im(y)| = |\Im(x)|$ を満たすような $y \in \mathbb{H}$ は無限に存在するため，2次方程式 $t^2 - 2\Re(x)t + |x|^2 = 0$ の解が無限に存在することが確認できた。以前の繰り返しになるが，詳細は5.6 節で述べる。

5.5 簡単な性質

この節では，四元数の簡単な性質について整理する。

命題 5.5.1 $x, y, z \in \mathbb{H}$ に対して，

(1) 和の結合法則 $(x + y) + z = x + (y + z)$.

(2) 積の結合法則 $(xy)z = x(yz)$.

(3) 和の可換法則 $x + y = y + x$.

(4) 一般に，積の可換法則 $xy = yx$ は成立しない。

(5) 分配法則 $x(y + z) = xy + xz$.

特に，複素数では (4) の「積の可換法則」が成立したので，こ
こは，四元数と複素数との大きな違いである。実際，$ij \neq ji$ で
ある。さらに，

命題 5.5.2 $x, y, z \in \mathbb{H}$ に対して，

(1) $(x + y)^* = x^* + y^*$.

(2) $xx^* = x^*x$.

(3) $(xy)^* = y^*x^*$.

(4) 一般に，$(xy)^* \neq x^*y^*$.

(5) $|x| = |x^*|$.

(6) $|x + y| \leq |x| + |y|$.

(7) $|xy| = |yx| = |x||y|$.

(8) $|x|^2 + |y|^2 = \dfrac{1}{2}\left(|x+y|^2 + |x-y|^2\right).$

複素数では(4)が成立したので，ここも，四元数と複素数との大きな違いである。

証明 以下で(6)と(8)について示そう。まず，(6)を示す。

$$(|x| + |y|)^2 - |x+y|^2$$
$$= (|x|^2 + 2|x||y| + |y|^2)$$
$$\quad - \{(x_0+y_0)^2 + (x_1+y_1)^2 + (x_2+y_2)^2 + (x_3+y_3)^2\}$$
$$= 2\{|x||y| - (x_0y_0 + x_1y_1 + x_2y_2 + x_3y_3)\}. \tag{5.4}$$

一方，

$$|x|^2|y|^2 - (x_0y_0 + x_1y_1 + x_2y_2 + x_3y_3)^2$$
$$= (x_0^2 + x_1^2 + x_2^2 + x_3^2)(y_0^2 + y_1^2 + y_2^2 + y_3^2)$$
$$\quad - (x_0y_0 + x_1y_1 + x_2y_2 + x_3y_3)^2$$
$$= (x_0y_1 - x_1y_0)^2 + (x_0y_2 - x_2y_0)^2 + (x_0y_3 - x_3y_0)^2$$
$$\quad + (x_1y_2 - x_2y_1)^2 + (x_1y_3 - x_3y_1)^2 + (x_2y_3 - x_3y_2)^2. \tag{5.5}$$

よって，式(5.4)と式(5.5)を組み合せると，求めたい不等式が得られる。次に，(8)は以下の計算より示される。

$$|x+y|^2 + |x-y|^2 = \{(x+y)(x+y)^* + (x-y)(x-y)^*\}$$
$$= \{(x+y)(x^*+y^*) + (x-y)(x^*-y^*)\}$$
$$= 2xx^* + 2yy^* + yx^* + xy^* - yx^* - xy^*$$
$$= 2(|x|^2 + |y|^2).$$

命題5.5.3 (1) 任意の $x \in \mathbb{H}$ に対して，ある $|u| = 1$ を満たす $u \in \mathbb{H}$ が存在して，$x = |x|u$ と表せる。

(2) 任意の $x \in \mathbb{H}$ に対して，$ax = xa$ であることと，$a \in \mathbb{R}$ は同値である。

証明 (1) $x = 0$ なら明らかなので，$x \neq 0$ とする。このとき，$u = x/|x|$ とおけば，$|u| = 1$ となる。

(2) $a \in \mathbb{R}$ ならば，任意の $x \in \mathbb{H}$ に対して，$ax = xa$ であることは明らかなので，逆を示せばよい。$a = a_0 + a_1 i + a_2 j + a_3 k \in \mathbb{H}$ とおき $(a_n \in \mathbb{R})$，$x = i$ とすると，

$$(a_0 + a_1 i + a_2 j + a_3 k)i = a_0 i - a_1 - a_2 k + a_3 j$$

かつ

$$i(a_0 + a_1 i + a_2 j + a_3 k) = a_0 i - a_1 + a_2 k - a_3 j$$

より，$a_2 = a_3 = 0$ が導かれる。さらに，$x = j$ として，

$$(a_0 + a_1)j = a_0 j + a_1 k$$

かつ

$$j(a_0 + a_1 i) = a_0 i - a_1 k$$

なので，$a_1 = 0$。故に，$a = a_0 \in \mathbb{R}$ が示された。

さて，$x (\neq 0)$ の逆元は，以下で与えられる。

$$x^{-1} = \frac{x^*}{|x|^2}.$$

実際に，

$$xx^{-1} = x\frac{x^*}{|x|^2} = \frac{x\,x^*}{|x|^2} = \frac{|x|^2}{|x|^2} = 1$$

が成り立ち，$xx^* = x^*x$ に注意すれば，$x^{-1}x = 1$ も確かめられる。

問題5.5.1 $|x^{-1}| = 1/|x|$ を示せ。

解答5.5.1 $|x^{-1}| = |x^*|/|x|^2 = |x|/|x|^2 = 1/|x|$.

問題5.5.2 $(xy)^{-1} = y^{-1}x^{-1}$ を示せ。

解答5.5.2 $(xy)^* = y^*x^*$ と $|xy| = |x||y|$ に注意すると以下を得る。

$$(xy)^{-1} = \frac{(xy)^*}{|xy|^2} = \frac{y^*x^*}{|xy|^2} = \frac{y^*}{|y|^2} \times \frac{x^*}{|x|^2} = y^{-1}x^{-1}$$

問題5.5.3 j^{-1} を求めよ。

解答5.5.3 $j^2 = -1$ より，$j^{-1} = -j$.

問題5.5.4 $x = 1 + i + j + k$ のとき，x^{-1} を求めよ。

解答5.5.4 $|x|^2 = 4$ より，$x^{-1} = x^*/|x|^2 = (1 - i - j - k)/4$.

さらに，次のような性質がある。

命題5.5.4　任意の $x = x_0 + x_1 i + x_2 j + x_3 k \in \mathbb{H}$ に対して，以下が成り立つ。

(1) $ixi = -x_0 - x_1 i + x_2 j + x_3 k$.

(2) $ix^* i = -x_0 + x_1 i - x_2 j - x_3 k$.

(3) $jxj = -x_0 + x_1 i - x_2 j + x_3 k$.

(4) $jx^* j = -x_0 - x_1 i + x_2 j - x_3 k$.

(5) $kxk = -x_0 + x_1 i + x_2 j - x_3 k$.

(6) $kx^* k = -x_0 - x_1 i - x_2 j + x_3 k$.

(7) $x^* = -\dfrac{1}{2}\left(x + ixi + jxj + kxk\right)$.

(8) $x = \dfrac{1}{2}(x + x^*) + \dfrac{1}{2}(x + ix^* i) + \dfrac{1}{2}(x + jx^* j) + \dfrac{1}{2}(x + kx^* k)$.

同様な性質として，

命題5.5.5　任意の $x = x_0 + x_1 i + x_2 j + x_3 k \in \mathbb{H}$ に対して，以下が成り立つ。

(1) $xix = -2x_0 x_1 + (x_0^2 - x_1^2 + x_2^2 + x_3^2)i - 2x_1 x_2 j - 2x_1 x_3 k$.

(2) $xix^* = (x_0^2 + x_1^2 - x_2^2 - x_3^2)i + 2(x_0 x_3 + x_1 x_2)j + 2(-x_0 x_2 + x_1 x_3)k$.

(3) $x^* ix = (x_0^2 + x_1^2 - x_2^2 - x_3^2)i + 2(-x_0 x_3 + x_1 x_2)j + 2(x_0 x_2 + x_1 x_3)k$.

(4) $x^* ix^* = 2x_0 x_1 + (x_0^2 - x_1^2 + x_2^2 + x_3^2)i - 2x_1 x_2 j - 2x_1 x_3 k$.

(5) $xjx = -2x_0 x_2 - 2x_1 x_2 i + (x_0^2 + x_1^2 - x_2^2 + x_3^2)j - 2x_2 x_3 k$.

(6) $xjx^* = 2(-x_0 x_3 + x_1 x_2)i + (x_0^2 - x_1^2 + x_2^2 - x_3^2)j + 2(x_0 x_1 + x_2 x_3)k$.

(7) $x^* jx = 2(x_0 x_3 + x_1 x_2)i + (x_0^2 - x_1^2 + x_2^2 - x_3^2)j + 2(-x_0 x_1 + x_2 x_3)k$.

(8) $x^*jx^* = 2x_0x_2 - 2x_1x_2i + (x_0^2 + x_1^2 - x_2^2 + x_3^2)j - 2x_2x_3k.$

(9) $xkx = -2x_0x_3 - 2x_1x_3i - 2x_2x_3j + (x_0^2 - x_1^2 + x_2^2 - x_3^2)k.$

(10) $xkx^* = 2(x_0x_2 + x_1x_3)i + 2(-x_0x_1 + x_2x_3)j + (x_0^2 - x_1^2 - x_2^2 + x_3^2)k.$

(11) $x^*kx = 2(-x_0x_2 + x_1x_3)i + 2(x_0x_1 + x_2x_3)j + (x_0^2 - x_1^2 - x_2^2 + x_3^2)k.$

(12) $x^*kx^* = 2x_0x_3 - 2x_1x_3i - 2x_2x_3j + (x_0^2 - x_1^2 + x_2^2 - x_3^2)k.$

例えば，命題 5.5.3 の (2) より，$(xix)^* = -x^*ix^*$ より，xix と x^*ix^* は実部だけ符号が異なることが分かる。また，$(xix^*)^* = -xix^*$ より xix^* に実部がないことが分かる。他も同様である。

問題 5.5.5　$x \in \mathbb{H}$ に対して，ただ一つの $c_1, c_2 \in \mathbb{C}$ が存在して，$x = c_1 + c_2 j$ と表せることを示せ。

解答 5.5.5　以下より示すことができる。
$$x = x_0 + x_1 i + x_2 j + x_3 k = x_0 + x_1 i + (x_2 + x_3 i)j.$$

$x, y \in \mathbb{H}$ に対して，ある $u(\neq 0)$ が存在して，$u^{-1}xu = y$ が成り立つとき，x と y とは相似(similar)といい，$x \sim y$ で表す。また，そのような u が存在しないとき，x と y とは相似でないといい，$x \nsim y$ と表す。この $\sim$ は同値関係(equivalence relation)を与え，x の同値類を $[x]$ と書く。例えば，
$$-i \in [i]$$

である。何故なら，$u=j$ とすると，$u^{-1}=-j$ なので，$-jij=-i$ となるからである。

問題5.5.6　〜は同値関係を与えることを示せ。即ち，

(1) $x \sim x$ （反射律）。

(2) $x \sim y$ ならば，$y \sim x$ （対称律）。

(3) $x \sim y, y \sim z$ ならば，$x \sim z$ （推移律）。

問題5.5.6　(1) は $u=1$ とすればよい。(2) は $u^{-1}xu=y$ が成り立つとき，$uyu^{-1}=x$ が導かれるので，u として，u^{-1} をとればよい。(3) は $u_1^{-1}xu_1=y, u_2^{-1}yu_2=z$ が成り立つとき，$(u_1u_2)^{-1}xu_1u_2=u_2^{-1}(u_1^{-1}xu_1)u_2=u_2^{-1}yu_2=z$ が導かれるので，u として，u_1u_2 をとればよい。

問題5.5.7　$x \sim y$ は，ある単位四元数 v（即ち，$|v|=1$）が存在して，$v^{-1}xv=y$ が成り立つときとしてもよいことを示せ。

解答5.5.7　$v=u/|u|$ を考えればよい。

問題5.5.8　$x \sim y$ のとき，$|x|=|y|$ が成り立つことを示せ。

解答5.5.8　$|u^{-1}|=1/|u|$ に注意すれば，$|y|=|u^{-1}xu|=|u^{-1}||x||u|=|x|$.

問題5.5.9　$q=q_0+q_1i \in \mathbb{C} \ (q_0, q_1 \in \mathbb{R})$ のとき，$q \sim q_0+$

$\sqrt{q_1^2}\,i$ を示せ。

解答 5.5.9 $q = q_0 + q_1 i \in \mathbb{C}$ のとき，ある $x(\neq 0) \in \mathbb{H}$ が存在して，$qx = x(q_0 + \sqrt{q_1^2}\,i)$ を示せばよい。実際に，$q_0, q_1 \in \mathbb{R}$ に注意して，

$qx = x(q_0 + \sqrt{q_1^2}\,i)$

$\Leftrightarrow (q_0 + q_1 i)(x_0 + x_1 i + x_2 j + x_3 k) = (x_0 + x_1 i + x_2 j + x_3 k)(q_0 + \sqrt{q_1^2}\,i)$

$\Leftrightarrow q_1 i(x_0 + x_1 i + x_2 j + x_3 k) = (x_0 + x_1 i + x_2 j + x_3 k)\sqrt{q_1^2}\,i$

$\Leftrightarrow q_1 x_0 i - q_1 x_1 + q_1 x_2 k - q_1 x_3 j = x_0 \sqrt{q_1^2}\,i - x_1 \sqrt{q_1^2} - x_2 \sqrt{q_1^2}\,k + x_3 \sqrt{q_1^2}\,j$

$q_1 > 0$ のときは，$\sqrt{q_1^2} = q_1$ なので，

$qx = x(q_0 + \sqrt{q_1^2}\,i)$

$\Leftrightarrow q_1 x_0 i - q_1 x_1 + q_1 x_2 k - q_1 x_3 j = x_0 q_1 i - x_1 q_1 - x_2 q_1 k + x_3 q_1 j$

故に，$x_2 = x_3 = 0$ が導かれる。故に，$x = x_0 + x_1 i (\neq 0)$ であればよい。同様にして，$q_1 < 0$ のときは，$\sqrt{q_1^2} = -q_1$ なので，

$qx = x(q_0 + \sqrt{q_1^2}\,i)$

$\Leftrightarrow q_1 x_0 i - q_1 x_1 + q_1 x_2 k - q_1 x_3 j = -x_0 q_1 i + x_1 q_1 + x_2 q_1 k - x_3 q_1 j$

故に，$x_0 = x_1 = 0$ が導かれる。故に，$x = x_2 j + x_3 k (\neq 0)$ であればよい。最後に，$q_1 = 0$ のときは，$q_0 x = x q_0$ より，$x \neq 0$ であればよい。

問題 5.5.10 $q = q_0 + q_1 i + q_2 j + q_3 k \in \mathbb{H}$ に対して，$q \sim q_0 + \sqrt{q_1^2 + q_2^2 + q_3^2}\,i$ であることを示せ。

解答5.5.10　$q = q_0 + q_1 i + q_2 j + q_3 k \in \mathbb{H}$ に対して，ある x $(\neq 0) \in \mathbb{H}$ が存在して，$qx = x(q_0 + \sqrt{q_1^2 + q_2^2 + q_3^2}\, i)$ を示せばよい。$q_2 = q_3 = 0$ のときは，前の問題に帰着されるので，$q_2^2 + q_3^2 \neq 0$ の場合だけを考えればよい。実際にこのときは，x として，

$$x = (\sqrt{q_1^2 + q_2^2 + q_3^2} + q_1) - q_3 j + q_2 k$$

が求めるものである。

さて，$p = p_0 + p_1 i + p_2 j + p_3 k$, $q = q_0 + q_1 i + q_2 j + q_3 k \in \mathbb{H}$ に対して，$q^{-1} p q$ を求めよう。但し，$q \neq 0$ とする。

$$qpq^{-1} = q^{-1}(p_0 + p_1 i + p_2 j + p_3 k) q$$

$$= p_0 + \frac{1}{|q|^2} q^*(p_0 + p_1 i + p_2 j + p_3 k) q$$

$$= p_0 + \frac{1}{|q|^2} \{ p_1(q^* i q) + p_2(q^* j q) + p_3(q^* k q) \}$$

$$= p_0 + \frac{J}{|q|^2}$$

となり，以下，J を命題5.5.5 の(3),(7),(11)を用いて計算する。

$$J = p_1(q^* i q) + p_2(q^* j q) + p_3(q^* k q)$$

$$= p_1 \{ (q_0^2 + q_1^2 - q_2^2 - q_3^2) i + 2(q_0 q_3 + q_1 q_2) j + 2(-q_0 q_2 + q_1 q_3) k \}$$

$$+ p_2 \{ 2(-q_0 q_3 + q_1 q_2) i + (q_0^2 - q_1^2 + q_2^2 - q_3^2) j + 2(q_0 q_1 + q_2 q_3) k \}$$

$$+ p_3 \{ 2(q_0 q_2 + q_1 q_3) i + 2(-q_0 q_1 + q_2 q_3) j + (q_0^2 - q_1^2 - q_2^2 + q_3^2) k \}$$

$$= \{ q_0^2 - (q_1^2 + q_2^2 + q_3^2) \}(p_1 i + p_2 j + p_3 k)$$

$$+ 2 \left(p_1 q_1 + p_2 q_2 + p_3 q_3 \right) \left(q_1 i + q_2 j + q_3 k \right)$$

$$+ 2 q_0 \left\{ \left(p_2 q_3 - p_3 q_2 \right) i + \left(p_3 q_1 - p_1 q_3 \right) j + \left(p_1 q_2 - p_2 q_1 \right) k \right\}.$$

上の結果より,

$$\Re \left(q^{-1} p q \right) = p_0,$$

$$\Im \left(q^{-1} p q \right) = \frac{J}{|q|^2} \tag{5.6}$$

に注意し,次のように表す。

$$J = \left\{ \Re (q)^2 - |\Im (q)|^2 \right\} \Im (p) + 2 \langle \Im (p), \Im (q) \rangle \Im (q)$$

$$+ 2 q_0 \{ (p_2 q_3 - p_3 q_2) i + (p_3 q_1 - p_1 q_3) j + (p_1 q_2 - p_2 q_1) k \}$$

ここで,$\langle \Im (p), \Im (q) \rangle = p_1 q_1 + p_2 q_2 + p_3 q_3$ である。このとき,$|J|^2$ は以下のように計算できる。

$$|J|^2 = (\Re (q)^2 - |\Im (q)|^2)^2 |\Im (p)|^2 + 4 \langle \Im (p), \Im (q) \rangle^2 |\Im (q)|^2$$

$$+ 4 \Re (q)^2 (|\Im (p)|^2 |\Im (q)|^2 - \langle \Im (p), \Im (q) \rangle^2)$$

$$+ 4 (\Re (q)^2 - |\Im (q)|^2) \langle \Im (p), \Im (q) \rangle^2$$

$$= |q|^4 |\Im (p)|^2$$

上の結果と,式 (5.6) より,

$$|\Im (q^{-1} p q)|^2 = \frac{|J|^2}{|q|^4} = |\Im (p)|^2$$

以上の結果から以下が導かれる。

命題 5.5.6 $p = p_0 + p_1 i + p_2 j + p_3 k,\ q = q_0 + q_1 i + q_2 j + q_3 k \in \mathbb{H}$ に対して,$p' = q^{-1} p q = p_0' + p_1' i + p_2' j + p_3' k$ とおく。但し,$q \neq 0$

とする。このとき，以下が成り立つ。

$$\Re(p') = \Re(p), \quad |\Im(p')| = |\Im(p)|,$$

即ち，$p' \sim p$ ならば，

$$p_0' = p_0, \quad (p_1')^2 + (p_2')^2 + (p_3')^2 = p_1^2 + p_2^2 + p_3^2.$$

実は，次の結果が知られている[2]。

定理5.5.7　$x = x_0 + x_1 i + x_2 j + x_3 k,\ y = y_0 + y_1 i + y_2 j + y_3 k \in \mathbb{H}$ に対して，$x \sim y$ と以下は同値である。

(1) $x_0 = y_0$,

(2) $x_1^2 + x_2^2 + x_3^2 = y_1^2 + y_2^2 + y_3^2$.

即ち，

(1) $\Re(x) = \Re(y)$,

(2) $|\Im(x)| = |\Im(y)|$.

この定理より以下が導かれる。

系5.5.8　$x \in \mathbb{H}$ に対して，$x \sim x^*$.

---

*2　例えば，Brenner (1951) [8]，Au-Yeung (1984) [4] による。

5.6 | 多項式

　この節では最初に紹介した $\mathbb{H}$ 上の2次多項式について考える。まず，一般に以下のような結果が得られる。

命題5.6.1　(1) $x^2+1=0$ の解は，$x=x_1 i+x_2 j+x_3 k$ で $x_1^2+x_2^2+x_3^2=1$ を満たす。従って，解は無限個である。解集合は，$\{[i]\}$ とも表せる。

　(2) $x^2-1=0$ の解は，$x=\pm 1$.

　(3) $x^2+i=0$ の解は，$x=\pm\dfrac{1-i}{\sqrt{2}}$.

　(4) $x^2-i=0$ の解は，$x=\pm\dfrac{1+i}{\sqrt{2}}$.

　(5) $x^2+j=0$ の解は，$x=\pm\dfrac{1-j}{\sqrt{2}}$.

　(6) $x^2-j=0$ の解は，$x=\pm\dfrac{1+j}{\sqrt{2}}$.

　(7) $x^2+k=0$ の解は，$x=\pm\dfrac{1-k}{\sqrt{2}}$.

　(8) $x^2-k=0$ の解は，$x=\pm\dfrac{1+k}{\sqrt{2}}$.

証明

(1) まず，$z = a + bi + cj + dk$ に対して，

$$z^2 = (a + bi + cj + dk)^2 = a^2 - b^2 - c^2 - d^2 + 2abi + 2acj + 2adk$$

が成り立つ。従って，z が $x^2 = -1$ の解なら，

$$a^2 - b^2 - c^2 - d^2 + 2abi + 2acj + 2adk = -1 \tag{5.7}$$

を満たさなくてはいけない。ここで，実数 $a_1, a_2, b_1, b_2, c_1, c_2, d_1, d_2$ に対して，

$$a_1 + b_1 i + c_1 j + d_1 k = a_2 + b_2 i + c_2 j + d_2 k$$

と $a_1 = a_2, b_1 = b_2, c_1 = c_2, d_1 = d_2$ とが同値であることに注意すると，式(5.7)より，

$$a^2 - b^2 - c^2 - d^2 = -1, \tag{5.8}$$

$$ab = 0, \tag{5.9}$$

$$ac = 0, \tag{5.10}$$

$$ad = 0 \tag{5.11}$$

が得られる。

　まず，$a \neq 0$ とすると，式(5.9)，(5.10)，(5.11) から，$b = c = d = 0$ となる。これを式(5.8) に代入すると，$a^2 = -1$ となり，a は実数なので，これを満たす a はない。次に，$a = 0$ の場合を考える。これを式(5.8) に代入すると，$b^2 + c^2 + d^2 = 1$ となり，これを満たす実数の3つ組 (b, c, d) は，半径1の球の表面を表すので，無限個存在することが分かる。

(2) 同様にして，$z = a + bi + cj + dk$ に対して，z が $x^2 = 1$ の解なら，

$$a^2 - b^2 - c^2 - d^2 + 2abi + 2acj + 2adk = 1 \qquad (5.12)$$

を満たさなくてはいけない。式 (5.12) より，

$$a^2 - b^2 - c^2 - d^2 = 1, \qquad (5.13)$$

$$ab = 0, \qquad (5.14)$$

$$ac = 0, \qquad (5.15)$$

$$ad = 0 \qquad (5.16)$$

が得られる。

まず，$a \neq 0$ とすると，式 (5.14)，(5.15)，(5.16) から，$b = c = d = 0$ となる。これを式 (5.13) に代入すると，$a^2 = 1$ となり，今度は $a = \pm 1$ の2つの解が存在する。次に，$a = 0$ の場合を考える。これを式 (5.13) に代入すると，$b^2 + c^2 + d^2 = -1$ となり，逆に，これを満たす実数の3つ組 (b, c, d) は存在しない。

(3) 同じような議論から，$z = a + bi + cj + dk$ に対して，z が $x^2 = -i$ の解なら，

$$a^2 - b^2 - c^2 - d^2 + 2abi + 2acj + 2adk = -i \qquad (5.17)$$

を満たさなくてはいけない。式 (5.17) より，

$$a^2 - b^2 - c^2 - d^2 = 0, \qquad (5.18)$$

$$2ab = -1, \qquad (5.19)$$

$$ac = 0, \tag{5.20}$$

$$ad = 0 \tag{5.21}$$

が得られる。式(5.19) より $a \neq 0$ なので，式(5.20)，(5.21) から，$c = d = 0$ となる。これを式(5.18) に代入すると，$a^2 = b^2$ が得られる。式(5.19) から $b = -1/2a$ なので，これを $a^2 = b^2$ に代入すると，$a = \pm 1/\sqrt{2}$ が導かれる。故に，$b = -1/2a$ から，$b = \mp 1/\sqrt{2}$ が得られる。以上より，解は $x = \pm(1-i)/\sqrt{2}$ 。

(4) 同様な議論から，$z = a + bi + cj + dk$ に対して，z が $x^2 = i$ の解なら，

$$a^2 - b^2 - c^2 - d^2 + 2abi + 2acj + 2adk = i \tag{5.22}$$

を満たさなくてはいけない。式(5.22) より，

$$a^2 - b^2 - c^2 - d^2 = 0, \tag{5.23}$$

$$2ab = 1, \tag{5.24}$$

$$ac = 0, \tag{5.25}$$

$$ad = 0 \tag{5.26}$$

が得られる。式(5.24) より $a \neq 0$ なので，式(5.25)，(5.26) から，$c = d = 0$ となる。これを式(5.23) に代入すると，$a^2 = b^2$ が得られる。式(5.24) から $b = 1/2a$ なので，これを $a^2 = b^2$ に代入すると，$a = \pm 1/\sqrt{2}$ が導かれる。故に，$b = 1/2a$ から，$b = \pm 1/\sqrt{2}$ が得られる。以上より，解は $x = \pm(1+i)/\sqrt{2}$ 。残りの，(5)〜(8) も同じような議論により示すことができる。

5.7 一般の2次方程式の解

　この節では，$x^2 + bx + c = 0$ $(b, c \in \mathbb{H})$ の解について考える。まず，そのために，以下の補題を準備する。

補題5.7.1 $x^2 + bx + c = 0$ は，以下の式と同値である。

$$x_0^2 - x_1^2 - x_2^2 - x_3^2 + b_0 x_0 - b_1 x_1 - b_2 x_2 - b_3 x_3 + c_0 = 0,$$

$$2x_0 x_1 + b_0 x_1 + b_1 x_0 + b_2 x_3 - b_3 x_2 + c_1 = 0,$$

$$2x_0 x_2 + b_0 x_2 + b_2 x_0 - b_1 x_3 + b_3 x_1 + c_2 = 0,$$

$$2x_0 x_3 + b_0 x_3 + b_3 x_0 + b_1 x_2 - b_2 x_1 + c_3 = 0.$$

証明は，$x^2 + bx + c = 0$ に $x = x_0 + x_1 i + x_2 j + x_3 k$ を代入することによって得られる。

　では，上の補題を用いて，幾つかの例で2次方程式の解を求めてみよう。

例5.7.1

$$x^2 + ix + 1 + j = 0.$$

このときは，$x = -i + k, k$ が解である。実際，補題5.7.1 より，$b_1 = c_0 = c_2 = 1$ なので，

$$x_0^2 - x_1^2 - x_2^2 - x_3^2 - x_1 + 1 = 0, \tag{5.27}$$

$$2x_0 x_1 + x_0 = 0, \tag{5.28}$$

$$2x_0 x_2 - x_3 + 1 = 0, \tag{5.29}$$

$$2x_0 x_3 + x_2 = 0. \tag{5.30}$$

式 (5.30) より，

$$x_2 = -2x_0 x_3. \tag{5.31}$$

これを，式 (5.29) に代入して，

$$x_3 = \frac{1}{4x_0^2 + 1} \tag{5.32}$$

を得る。これを式 (5.31) に代入すると，

$$x_2 = -\frac{2x_0}{4x_0^2 + 1}. \tag{5.33}$$

次に，式 (5.28) より，

$$(2x_1 + 1)x_0 = 0. \tag{5.34}$$

まず，$x_0 = 0$ の場合を考える。このときは，式 (5.32)，(5.33) から，$x_2 = 0, x_3 = 1$ を得る。さらに，式 (5.27) より，$x_1 = 0, 1$ が導かれ，$x = -i + k, k$ が得られる。

次に，$x_0 \neq 0$ の場合を考える。このときは，式 (5.34) より，$x_1 = -1/2$ が得られる。これと，式 (5.32)，(5.33) を式 (5.27) に代入して，x_0 だけの式にすると，$16x_0^4 + 24x_0^2 + 1 = 0$ が導かれる。しかし，これを満たす $x_0 (\neq 0)$ は存在しない。以上より，解は $x = -i + k, k$ しかないことが分かる。

例5.7.2

$$x^2 + ix + j = 0.$$

このときは，$x = (1 - i - j + k)/2, (-1 - i + j + k)/2$ が解であ

る。実際，補題5.7.1より，$b_1 = c_2 = 1$ なので，

$$x_0^2 - x_1^2 - x_2^2 - x_3^2 - x_1 = 0, \tag{5.35}$$

$$2x_0 x_1 + x_0 = 0, \tag{5.36}$$

$$2x_0 x_2 - x_3 + 1 = 0, \tag{5.37}$$

$$2x_0 x_3 + x_2 = 0. \tag{5.38}$$

式 (5.38) より，

$$x_2 = -2x_0 x_3. \tag{5.39}$$

これを，式 (5.37) に代入して，

$$x_3 = \frac{1}{4x_0^2 + 1}. \tag{5.40}$$

を得る。これを式 (5.39) に代入すると，

$$x_2 = -\frac{2x_0}{4x_0^2 + 1}. \tag{5.41}$$

さらに，式 (5.36) より，

$$(2x_1 + 1)x_0 = 0. \tag{5.42}$$

まず，$x_0 = 0$ の場合を考える。このときは，式 (5.40), (5.41) から，$x_2 = 0, x_3 = 1$ を得る。ここで，式 (5.35) より，$x_1^2 + x_1 + 1 = 0$ が導かれ，これを満たす $x_1 \in \mathbb{R}$ は存在しない。よって，$x_0 = 0$ ではない。

次に，$x_0 \neq 0$ の場合を考える。このときは，式 (5.42) より，$x_1 = -1/2$ が得られる。これと，式 (5.40), (5.41) を式 (5.35) に代入して，x_0 だけの式にすると，$16x_0^4 + 8x_0^2 - 3 = 0$ が導かれ

る。従って，$x_0 = \pm 1/2$ が得られ，$x = (1 - i - j + k)/2,\ (-1 - i + j + k)/2$ が解であることが分かる。

例5.7.3

$$x^2 + ix + 1 + i + j = 0.$$

このときは，$x = (1 - 3i - j + k)/2,\ (-1 + i + j + k)/2$ が解である。実際，補題5.7.1より，$b_1 = c_0 = c_1 = c_2 = 1$ なので，

$$x_0^2 - x_1^2 - x_2^2 - x_3^2 - x_1 + 1 = 0, \tag{5.43}$$

$$2x_0 x_1 + x_0 + 1 = 0, \tag{5.44}$$

$$2x_0 x_2 - x_3 + 1 = 0, \tag{5.45}$$

$$2x_0 x_3 + x_2 = 0. \tag{5.46}$$

式(5.46) より，

$$x_2 = -2x_0 x_3. \tag{5.47}$$

これを，式(5.45) に代入して，

$$x_3 = \frac{1}{4x_0^2 + 1}. \tag{5.48}$$

を得る。これを式(5.47) に代入すると，

$$x_2 = -\frac{2x_0}{4x_0^2 + 1}. \tag{5.49}$$

まず，$x_0 = 0$ の場合を考える。しかし，式(5.44) より，そのようなことはないことが分かる。よって，$x_0 \neq 0$ の場合を考える。このときは，式(5.44) より，

$$x_1 = -\frac{x_0 + 1}{2x_0}.$$

これと，式(5.48)，(5.49)を式(5.43)に代入して，x_0 だけの式にすると，$(4x_0^2 - 1)(4x_0^4 + 7x_0^2 + 1) = 0$ が導かれる。従って，$x_0 = \pm 1/2$ が得られ，$x = (1 - 3i - j + k)/2, (-1 + i + j + k)/2$ が解であることが確かめられる。

　いよいよ，一般の係数の場合の結果を紹介しよう。複素数を係数に持つ2次方程式 $x^2 + bx + c = 0$ $(b, c \in \mathbb{C})$ の解は以下の式で与えられることは，よく知られている。

$$x = \frac{-b \pm \sqrt{b^2 - 4c}}{2}.$$

しかし，四元数を係数に持つ2次方程式の場合には，このような一つの公式では表せず，状況は複雑である。実は，以下の結果が Huang and So (2002)[15] により知られている。

定理 5.7.2　$x^2 + bx + c = 0$ $(b, c \in \mathbb{H})$ の解は以下の式で与えられる。

(1) $b, c \in \mathbb{R}$ かつ $b^2 < 4c$ のとき，

$$x = \frac{1}{2}(-b + \beta i + \gamma j + \delta k).$$

但し，$\beta, \gamma, \delta \in \mathbb{R}$ で $\beta^2 + \gamma^2 + \delta^2 = 4c - b^2$．

(2) $b, c \in \mathbb{R}$ かつ $b^2 \geq 4c$ のとき,

$$x = \frac{-b \pm \sqrt{b^2 - 4c}}{2}.$$

(3) $b \in \mathbb{R}$ かつ $c \notin \mathbb{R}$ のとき,

$$x = \frac{-b}{2} \pm \frac{\rho}{2} \mp \frac{\Im(c)}{\rho}.$$

但し,

$$\rho = \sqrt{\frac{b^2 - 4\Re(c) + \sqrt{(b^2 - 4\Re(c))^2 + 16|Im(c)|^2}}{2}}.$$

(4) $b \notin \mathbb{R}$ のとき,

$$x = \frac{-\Re(b)}{2} - (b' + T)^{-1}(c' - N).$$

但し,

$$b' = \Im(b), \quad c' = c - \frac{\Re(b)}{2}\left(b - \frac{\Re(b)}{2}\right).$$

さらに, $B = |b'|^2 + 2\Re(c'), E = |c'|^2, D = 2\Re(b'c')$ とおいたとき, T と N は以下で与えられる。

(a) $D = 0, B^2 \geq 4E$ ならば, $T = 0, N = (B \pm \sqrt{B^2 + 4E})/2$.

(b) $D = 0, B^2 < 4E$ ならば, $T = \pm\sqrt{2\sqrt{E} - B}, N = \sqrt{E}$.

(c) $D \neq 0$ ならば, $T = \pm\sqrt{z}, N = (T^3 + BT + D)/(2T)$. 但し, z は 3 次多項式 $z^3 + 2Bz^2 + (B^2 - 4E)z - D^2 = 0$ のただ一つの正の解である。

実は，それぞれの場合の具体的な例については既に学んでいるので，以下紹介する。

(1)の場合は，

$$x^2 + 1 = 0.$$

このときは，$b=0, c=1$ なので，$x = x_1 i + x_2 j + x_3 k$ で $x_1^2 + x_2^2 + x_3^2 = 1$ を満たす。

(2)の場合は，

$$x^2 - 1 = 0.$$

このときは，$b=0, c=-1$ なので，$x = \pm 1$。

(3)の場合は，

$$x^2 + i = 0.$$

このときは，$b=0, c=i$ なので，$\rho = \sqrt{2}$ より，$x = \pm(1-i)/\sqrt{2}$。

(4)の(a) の場合は，

$$x^2 + ix + 1 + j = 0.$$

このときは，$b = b' = i, c = c' = 1 + j$ なので，$D = 0, B = 3, E = 2$。従って，$(T, N) = (0, 2), (0, 1)$ となり，それぞれ，$x = -i + k, k$ が解となる。

(4)の(b) の場合は，

$$x^2 + ix + j = 0.$$

このときは，$b = b' = i, c = c' = j$ なので，$D = 0, B = E = 1$。従って，$(T, N) = (1, 1), (-1, 1)$ となり，それぞれ，$x = (1 - i - j + k)/2, (-1 - i + j + k)/2$ が解となる。

(4) の (c) の場合は,

$$x^2 + ix + 1 + i + j = 0.$$

このときは, $b = b' = i$, $c = c' = 1 + i + j$ なので, $D = 2, B = E =$
3。さらに, $z^3 + 6z^2 - 3z - 4 = 0$ のただ一つの正の解は $z = 1$ であ
ることに注意すると, $(T, N) = (1, 3), (-1, 1)$ となり, それぞ
れ, $x = (1 - 3i - j + k)/2, (-1 + i + j + k)/2$ が解となる。

　ここで, 問題を解いてみよう。

問題 5.7.1　$x^2 - 2kx - 1 = 0$ を解け。

解答 5.7.1　(4) の (a) の場合である。$b = b' = -2k$, $c = c' =$
-1 なので, $D = 0, B = 2, E = 1$ となる。従って, $(T, N) = (0, 1)$
なので, $x = k$ だけが解となる。

5.8 │ 一般の多項式

　一般の場合の結果は限られている。この節ではそのごく一部
を紹介する。まず以下の結果は, Niven[3] (1941) によって得ら
れた (例えば, Zhang (1997)[52] を参照のこと)。

[*3] Ivan Morton Niven (1915–1999) は, 1947 年に円周率の無理数性の初等的な証明を
　　見つけたことでも知られている。

定理5.8.1 $n = 1, 2, \ldots$ に対して，$a_i \in \mathbb{H}$ $(i = 1, 2, \ldots n)$ かつ $a_n \neq 0$ とする。このとき，

$$a_n x^n + a_{n-1} x^{n-1} + \cdots + a_1 x + a_0 = 0$$

は少なくとも一つの $\mathbb{H}$ の解をもつ。

以下の結果は，Eilenberg and Niven (1944)[12] による。

定理5.8.2

$$f(x) = a_0 x a_1 x \cdots x a_n + \phi(x)$$

とする。但し，$a_i (\neq 0) \in \mathbb{H}$ $(i = 1, 2, \ldots n)$ かつ $\phi(x)$ は単項式 $b_0 x b_1 x \cdots x b_k$ $(k < n)$ の有限和とする。このとき，$f(x)$ は少なくとも一つの $\mathbb{H}$ の解をもつ。

最後に，$x^3 - 1 = 0$ の解を求めてみよう。このとき，

$$x^3 = \Re(x)^3 - 3\Re(x)|\Im(x)|^2 + (3\Re(x)^2 - |\Im(x)|^2)\Im(x)$$

が成立している。従って，$x^3 - 1 = 0$ は次と同値。

$$x_0^3 - 3x_0(x_1^2 + x_2^2 + x_3^2) + \{3x_0^2 - (x_1^2 + x_2^2 + x_3^2)\}(x_1 i + x_2 j + x_3 k)$$
$$= 1. \tag{5.50}$$

まず，$3x_0^2 - (x_1^2 + x_2^2 + x_3^2) \neq 0$ ならば，$x_1 i + x_2 j + x_3 k = 0$ より，$x_1 = x_2 = x_3 = 0$ となる。故に，式 (5.50) から，$x_0^3 = 1$ が導かれ，$x_0 = 1$，即ち，$x = 1$ を得る。一方，$3x_0^2 - (x_1^2 + x_2^2 + x_3^2) = 0$ ならば，式 (5.50) から，$x_0^3 = -1/8$ が得られるので，$x_0 = -1/2$。従って，$x = -1/2 + x_1 i + x_2 j + x_3 k$ で $x_1^2 + x_2^2 + x_3^2 = 3/4$ が導かれる。以上から $x^3 - 1 = 0$ の解は，

$$x = 1, \quad x = -\frac{1}{2} + x_1 i + x_2 j + x_3 k, \quad \text{但し}, \quad x_1^2 + x_2^2 + x_3^2 = \frac{3}{4}$$

である。複素数の範囲で解を考えると，

$$x = 1, \quad x = \frac{-1 \pm \sqrt{3} i}{2}$$

なので，この場合は拡張されている。

問題 5.8.1　式 (5.50) を用いて，$x^3 + 1 = 0$ を解け。

解答 5.8.1　$x^3 - 1 = 0$ の場合と同様に解が得られる。まず，$3x_0^2 - (x_1^2 + x_2^2 + x_3^2) \neq 0$ ならば，$x_1 i + x_2 j + x_3 k = 0$ より，$x_1 = x_2 = x_3 = 0$ となる。故に，式 (5.50) から，$x_0^3 = -1$ が導かれ，$x_0 = -1$，即ち，$x = -1$ を得る。一方，$3x_0^2 - (x_1^2 + x_2^2 + x_3^2) = 0$ ならば，式 (5.50) から，$x_0^3 = 1/8$ が得られるので，$x_0 = 1/2$。従って，$x = 1/2 + x_1 i + x_2 j + x_3 k$ で $x_1^2 + x_2^2 + x_3^2 = 3/4$ が導かれる。以上から $x^3 + 1 = 0$ の解は，

$$x = -1, x = \frac{1}{2} + x_1 i + x_2 j + x_3 k, \text{但し}, \quad x_1^2 + x_2^2 + x_3^2 = \frac{3}{4}$$

である。

5.9 四元数多項式の未解決問題

　さて，$a, b, c \in \mathbb{H}$ としたとき，下記の6種類のうち，本章で扱った最初の2次方程式（定理5.7.2では，$a = 1$ の場合）以外の5種類に対する解の公式は，まだ知られておらず，例えば，Jia et al. (2009)[21] など，条件つきの結果が知られているのみである。

$$ax^2 + bx + c = 0,$$
$$xax + bx + c = 0,$$
$$x^2a + bx + c = 0,$$
$$ax^2 + xb + c = 0,$$
$$xax + xb + c = 0,$$
$$x^2a + xb + c = 0.$$

さらに，$a, b, c, d \in \mathbb{H}$ としたとき，例えば以下のような3次方程式の解の公式も知られていない。

$$ax^3 + bx^2 + cx + d = 0,$$
$$xax^2 + bx^2 + cx + d = 0,$$
$$x^2ax + bx^2 + cx + d = 0,$$
$$\cdots\cdots.$$

COLUMUN **5**

ABC 予想とは

このコラムの最後で触れるが，フェルマーの最終定理とも関連する，1985 年にマッサーとオエステルレによって提出された「ABC 予想」について紹介しよう[1]。尚，**フェルマーの最終定理**とは，$n \geq 3$ なる $n \in \mathbb{Z}_>$ に対して，

$$x^n + y^n = z^n$$

をみたす三つ組 $(x, y, z) \in (\mathbb{Z}_>)^3$ は存在しない，という結果である[2]。

まず，$n \in \mathbb{Z}_>$ の根基を定義し，それを $\mathrm{rad}(n)$ と表す。**根基**とは，その数の指数をすべて 1 としたものである。例えば，

$$72 = 2^3 \times 3^2 \rightarrow 6 = 2^1 \times 3^1$$

なので，$\mathrm{rad}(72) = 6$ となる。但し，$\mathrm{rad}(1) = 1$ である。以下，n が小さいときに，根基を計算してみよう。

$\mathrm{rad}(1) = 1$, $\mathrm{rad}(2) = 2$, $\mathrm{rad}(3) = 3$, $\mathrm{rad}(4) = \mathrm{rad}(2^2)$ $= 2$, $\mathrm{rad}(5) = 5$, $\mathrm{rad}(6) = \mathrm{rad}(2^1 3^1) = 6$, $\mathrm{rad}(7) = 7$,

---

[1] 詳しくは，例えば，加藤(2019)[27] を参照のこと。尚，本書の脱稿後に，望月新一教授(京大)により「ABC 予想」が宇宙際タイヒミュラー(IUT)理論を用いて証明されたという報道があった。

[2] $n = 2$ のときに，三つ組 $(x, y, z) \in (\mathbb{Z}_>)^3$ が無数に存在することは，(x, y, z) の具体的な表示も含め良く知られている。尚，$n = 1$ の場合に，無数に存在することは明らかであろう。

$\mathrm{rad}(8) = \mathrm{rad}(2^3) = 2$, $\quad \mathrm{rad}(9) = \mathrm{rad}(3^2) = 3$, $\quad \mathrm{rad}(10) =$
$\mathrm{rad}(2^1 5^1) = 10$, $\quad \mathrm{rad}(11) = 11$, $\quad \mathrm{rad}(12) = \mathrm{rad}(2^2 3^1) = 6$,
$\mathrm{rad}(13) = 13$, $\quad \mathrm{rad}(14) = \mathrm{rad}(2^1 7^1) = 14$.

簡単に分かる性質として，例えば，$m, n \geq 1$ に対して，

$\mathrm{rad}(2^n) = 2$, $\quad \mathrm{rad}(3^n) = 3$, $\quad \mathrm{rad}(2^m 3^n) = 2 \times 3 = 6$

が導かれる。また，p が素数のとき，$\mathrm{rad}(p) = p$ となる。

次に，「ABC トリプル（三つ組）」$(a, b, c) \in (\mathbb{Z}_>)^3$ とは，"「a, b は互いに素」かつ「$c = a + b$」"を満たす三つ組 (a, b, c) のことである。例えば，$(2, 3, 5), (2, 5, 7)$ は，ABC トリプルであるが，$(2, 4, 6), (2, 3, 6)$ は，ABC トリプルでない。

さらに，$d = \mathrm{rad}(abc)$ とおいたとき，c と d の大小関係の予想が，「ABC 予想」である。粗くいうと，多くの場合に「$c < d$」となる。そして，「$c > d$」の場合は「例外的」と呼ばれる。

以下幾つかの例を考えてみよう。

例5.9.1 $a = 2, b = 3$ の場合。このとき，$c = 2 + 3 = 5$ で，$d = \mathrm{rad}(2 \times 3 \times 5) = 30$ なので，$c = 5 < 30 = d$ となり，「$c < d$」である。

例5.9.2 $a = 2^m, b = 3^n$ $(m, n \geq 1)$ の場合。このとき，$c = 2^m + 3^n$ で，$d = \mathrm{rad}(2^m \times 3^n \times (2^m + 3^n))$ なので，一般に

は，これ以上比較ができない。

例5.9.3 $a=3, b=5$ の場合。このとき，$c=3+5=8$ で，$d=\mathrm{rad}(3 \times 5 \times 8)=\mathrm{rad}(2^3 \times 3 \times 5)=2 \times 3 \times 5=30$ なので，$c=8 < 30=d$ となり，「$c < d$」である。

例5.9.4 $a=1, b=8$ の場合。このとき，$c=1+8=9$ で，$d=\mathrm{rad}(1 \times 8 \times 9)=\mathrm{rad}(1^1 \times 2^3 \times 3^2)=1 \times 2 \times 3=6$ なので，$c=9 > 6=d$ となり，「$c > d$」である。即ち，$(1, 8, 9)$ の場合は，例外的 ABC トリプルの例となっている。

例5.9.5 $a=1, b=2^n$ $(n \geq 1)$ の場合。このとき，$c=2^n+1$ で，$d=\mathrm{rad}(1 \times 2^n \times (2^n+1))$ なので，一般には，これ以上比較ができない。しかし，もう少し細かく見てみよう。仮に 2^n+1 が以下のように素因数分解できたとしよう。

$$2^n+1 = p_1^{m_1} p_2^{m_2} \cdots p_k^{m_k}.$$

但し，$p_1, p_2, \ldots, p_k$ は 3 以上の互いに素な素数である。このとき，

$$d=\mathrm{rad}(abc)=\mathrm{rad}\,(2^n p_1^{m_1} p_2^{m_2} \cdots p_k^{m_k})=2p_1 p_2 \cdots p_k$$

が成り立つ。従って，例外的な場合の「$c > d$」と以下が同値。

$$p_1^{m_1} p_2^{m_2} \cdots p_k^{m_k} > 2p_1 p_2 \cdots p_k. \tag{5.51}$$

先の例5.9.4 では，$n=3, p_1=3, m_1=2$ なので，確かに，

$$3^2=9 > 6=2 \times 3^1$$

となっている。実は，$m_1, m_2, \ldots, m_k \geq 1$ に注意すると，式 (5.51) は，

$$p_1^{m_1-1} p_2^{m_2-1} \cdots p_k^{m_k-1} > 2.$$

と同値である。従って，$p_1, p_2, \ldots, p_k$ は3以上の自然数なので，$m_1, m_2, \ldots, m_k$ の中に一つでも2以上の数があれば，成立していることが導かれる。

さて，ABC 予想は，粗くいうと「例外的 ABC トリプルはとても少ない」であるが，きちんと述べると以下のようになる。

[ABC 予想] 任意の $\epsilon > 0$ に対して，

$$N(\epsilon) = |\{\text{ABC トリプル}\,(a, b, c) \in (\mathbb{Z}_>)^3 : c > d^{1+\epsilon}\}|$$

とおく。ここで，$|A|$ は集合 A の要素の個数である。このとき，以下が成り立つ。

$$N(\epsilon) < \infty.$$

即ち，$\epsilon > 0$ を固定したとき，$c > d^{1+\epsilon}$ をみたす ABC トリプル (a, b, c) は有限個である。

さらに，強いヴァージョンの以下の ABC 予想が存在する。

[強い ABC 予想] 任意の ABC トリプル (a, b, c) に対して，$c < d^2$ が成立する。

確かに上の例の $(1, 8, 9)$ は，$c = 9 > 6 = d$ となり，「$c > d$」であるが，$c = 9 < 36 = d^2$ となり，「$c < d^2$」が成り立っている。

以下で，「「強い ABC 予想」が成立していれば，「フェルマーの最終定理」が成り立つ」ことを背理法で示そう。

まず，$n \geq 3$ なる $n \in \mathbb{Z}_>$ に対して，

$$x^n + y^n = z^n$$

をみたす三つ組 $(x, y, z) \in (\mathbb{Z}_>)^3$ が存在すると仮定する。このとき，x と y は互いに素としてよい。従って，x^n と y^n も互いに素となる。よって，(x^n, y^n, z^n) は ABC トリプルである。故に，「強い ABC 予想」が成立していることを仮定しているので，

$$z^n < (\mathrm{rad}(x^n y^n z^n))^2 \tag{5.52}$$

が成り立つとしてよい。根基の定義より，

$$\mathrm{rad}(x^n y^n z^n) = \mathrm{rad}(xyz) \tag{5.53}$$

なので，式 (5.52) と式 (5.53) より，

$$z^n < (rad(xyz))^2 \tag{5.54}$$

が導かれる。一方，$x, y < z$ より，

$$\mathrm{rad}(xyz) \leq xyz < z^3 \tag{5.55}$$

が成り立つ。従って，式 (5.54) と式 (5.55) から，

$$z^n < z^6$$

が得られる。故に，$n = 3, 4, 5$ の場合しか存在しない。しかし，$n = 3, 4, 5$ のときは，

$$x^n + y^n = z^n$$

をみたす三つ組 $(x, y, z) \in (\mathbb{Z}_{>})^3$ が存在しないことは既に知られている。よって，矛盾が導かれた。以上より，フェルマーの最終定理が証明された。

第 6 章

確率セルオートマトンの
単調性

本書の最後を飾るのは，私の研究テーマの一つである「無限粒子系」と呼ばれる研究分野から，ほぼ20年以上解かれていない問題を紹介する。この問題は，1996年頃，当時京大教授であった宮本宗実先生から頂いた手紙で紹介された問題なので，本書では「宮本問題」と呼ばせて頂く[1]。この問題は，非常に興味深い確率セルオートマトンに関する未解決問題である。何故「非常に興味深いのか」に関する理由の一端を，節を追って徐々に説明をしていく。尚，この問題は，2004年に出版された宮本先生御自身の著書[40]の第7章でも紹介されている。また，本章に関連する解説として，今野[28]の第8章を参照して頂きたい。

6.1 ｜ Domany-Kinzel モデル

　まず，Domany–Kinzel モデルについて紹介する。このモデルは，確率セルオートマトンの一つのクラスである。そして未解決問題である宮本問題に関連するモデルは，確率的対消滅モデルと後に呼ぶことにするが，それはDomany-Kinzel モデルの特別な場合だ。

　Domany-Kinzel モデルは，1984年にドマニー（Domany）と

＊1　宮本宗実京都大学名誉教授が，2019年12月29日に逝去された。

キンツェル (Kinzel) によって相転移現象を研究するために導入された，確率モデルである。この両研究者の名前を取って，「Domany-Kinzel モデル」と呼ばれる。恐らくこのモデルは確率モデルの中でも，その定義が最も簡単な部類に入るであろう。また，このモデルは最初に触れたように確率セルオートマトンのモデルとも考えることができる。とは言え，Domany-Kinzel モデルの特別な場合は「方向性のあるパーコレーション」（あるいは，「有向パーコレーション」，「伝染病モデル」）になるなど，統計力学や数理生物学の分野で非常に研究されているクラスのモデルを含んでいる。しかも，「宮本問題」をはじめとして，現在でも興味深い未解決の問題を多く抱えているモデルでもある。その幾つかは，この章の後半でも少し紹介するが，例えば，方向性のあるパーコレーションの臨界確率が，未だに求められていないこともその一つだ。

6.2 　対消滅モデル

1.4 節で $3x + 1$ 問題のセルオートマトン表示を紹介したが，本節以降ではそのときと同様の記号を用いる。さて，ここでは，決定論的な，即ち，確率的な時間発展のないモデルである「対消滅モデル」を紹介しよう。このモデルの時間発展ルール

には確率の要素が入っていないので「セルオートマトン」その
ものである。次の節で，そのルールに確率的な要素を入れた確
率セルオートマトンである「確率的対消滅モデル」を導入す
る。宮本問題は，まさに「確率的対消滅モデル」に関する問題
である。つまり，宮本問題を考えるウォーミングアップとして，
対消滅モデルについて慣れ親しむのが，この節の目的である。

まず，1次元の2状態の時刻 $n = 0, 1, 2, \ldots$ で場所 $x \in \mathbb{Z}$ の
セルオートマトンの値を $\eta_n(x)$ とおく。2状態を「0」と「1」
とするので，$\eta_n(x) \in \{0, 1\}$ である。このセルオートマトンを
粒子系だと思うと，「0」はセルに粒子が存在していない状態，
「1」はセルに粒子が存在している状態を表す。生物モデルだと
思うと，「0」はセルに生物が存在していない状態，「1」はセル
に生物が存在している状態を表す。伝染病の伝播モデルと思う
と，「0」はセルにいる人が健康な状態，「1」はセルにいる人が
病気にかかっている状態を表す。

時間発展のルールは，空間的に対称（つまり，場所 x の値
が，前の時刻の $x-1$ と $x+1$ の値で定まる）とする場合には，
以下のように定義する。

場所	$\cdots$	$x-1$	x	$x+1$	$\cdots$
時刻 n	$\cdots$	$\eta_n(x-1)$	$\cdot$	$\eta_n(x+1)$	$\cdots$
時刻 $n+1$	$\cdots$	$\cdot$	$\eta_{n+1}(x)$	$\cdot$	$\cdots$

表 6.1

但し，$n = 0, 1, 2, \ldots$ かつ $x \in \mathbb{Z}$ に対して，$\eta_{n+1}(x)$ の値を，確率的ではなく決定論的に，$\eta_n(x-1)$ と $\eta_n(x+1)$ の値によって以下のように定める。

$$\eta_{n+1}(x) = \eta_n(x-1) + \eta_n(x+1) \bmod 2. \tag{6.1}$$

ここで，1.4節でも説明したが，$n \in \mathbb{Z}_{\geq}$ に対して，「$n \bmod 2$」は，n を2で割ったときの余りである。例えば，「$0 \bmod 2$」や「$6 \bmod 2$」は「0」であり，「$1 \bmod 2$」や「$7 \bmod 2$」は「1」となる。コンピュータ・シミュレーションによるパターンを観察するには，原点を中心として左右の対称性がよいので見やすい。

場所 x	$\cdots$	-5	-4	-3	-2	-1	0	1	2	3	4	5	$\cdots$
$\eta_0(x)$	$\cdots$	0	0	0	0	0	1	0	0	0	0	0	$\cdots$
$\eta_1(x)$	$\cdots$	0	0	0	0	1	0	1	0	0	0	0	$\cdots$
$\eta_2(x)$	$\cdots$	0	0	0	1	0	0	0	1	0	0	0	$\cdots$
$\eta_3(x)$	$\cdots$	0	0	1	0	1	0	1	0	1	0	0	$\cdots$
$\eta_4(x)$	$\cdots$	0	1	0	0	0	0	0	0	0	1	0	$\cdots$
$\eta_5(x)$	$\cdots$	1	0	1	0	0	0	0	0	1	0	1	$\cdots$

表6.2

上の図で，「1」を「●」に，「0」を「空白」にすると，以下のように図形的な様子が良くわかる。

場所 x	$\cdots$	-5	-4	-3	-2	-1	0	1	2	3	4	5	$\cdots$
$\eta_0(x)$	$\cdots$						●						$\cdots$
$\eta_1(x)$	$\cdots$					●		●					$\cdots$
$\eta_2(x)$	$\cdots$				●				●				$\cdots$
$\eta_3(x)$	$\cdots$			●		●		●		●			$\cdots$
$\eta_4(x)$	$\cdots$		●								●		$\cdots$
$\eta_5(x)$	$\cdots$	●		●						●		●	$\cdots$

表6.3

　このとき，式(6.1) の mod 2 をとった以下の時間発展を考える。

$$N_{n+1}(x) = N_n(x-1) + N_n(x+1).$$

そして，初期配置として，次を考える。

$$N_0(x) = \begin{cases} 1 & (x=0), \\ 0 & (x \neq 0). \end{cases}$$

即ち，原点だけ「1」で，それ以外の点では「0」である。この初期配置から時間発展させ，「0」の場所を無視すると，これは，いわゆる「パスカルの三角形」を表すことが分かる。また，$N_n(x)$ で時刻 n で場所 x のある生物種の個体数を表すと考えられる。

場所 x	$\cdots$	-5	-4	-3	-2	-1	0	1	2	3	4	5	$\cdots$
$N_0(x)$	$\cdots$	0	0	0	0	0	1	0	0	0	0	0	$\cdots$
$N_1(x)$	$\cdots$	0	0	0	0	1	0	1	0	0	0	0	$\cdots$
$N_2(x)$	$\cdots$	0	0	0	1	0	2	0	1	0	0	0	$\cdots$
$N_3(x)$	$\cdots$	0	0	1	0	3	0	3	0	1	0	0	$\cdots$
$N_4(x)$	$\cdots$	0	1	0	4	0	6	0	4	0	1	0	$\cdots$
$N_5(x)$	$\cdots$	1	0	5	0	10	0	10	0	5	0	1	$\cdots$

表 6.4

上の図で，「0」を「空白」にすると，パスカルの三角形の様子
が良く見て取れる。

場所 x	$\cdots$	-5	-4	-3	-2	-1	0	1	2	3	4	5	$\cdots$
$N_0(x)$	$\cdots$						1						$\cdots$
$N_1(x)$	$\cdots$					1		1					$\cdots$
$N_2(x)$	$\cdots$				1		2		1				$\cdots$
$N_3(x)$	$\cdots$			1		3		3		1			$\cdots$
$N_4(x)$	$\cdots$		1		4		6		4		1		$\cdots$
$N_5(x)$	$\cdots$	1		5		10		10		5		1	$\cdots$

表 6.5

ここで，$\eta_n(x)$ と $N_n(x)$ との関係を考えてみよう。η_n の初
期配置として，N_n と同じ原点だけ「1」で，それ以外の点では
「0」の次の配置を考える。

$$\eta_0(x) = \begin{cases} 1 & (x = 0), \\ 0 & (x \neq 0). \end{cases}$$

このとき，定義より

$$\eta_n(x) = N_n(x) \bmod 2$$

が成立していることが導かれる。

　さて，このときのη_nの「1」の図形は「自己相似的な」ものとなっている。換言すれば，フラクタル的である。実際に「シェルピンスキーのガスケット」と呼ばれるフラクタルが現れる。表6.5を参照しながら，もう少し細かく，「対消滅モデル」で生成される図形の性質を調べてみよう。

　$m = 1, 2, \ldots$ に対して，時刻$2^m - 1$のとき，2^m個の「1」の区間ができる。つまり，$x = -(2^m - 1), -(2^m - 1) + 2, \ldots, 2^m - 3, 2^m - 1$のセルの値が「1」となる。そして，次の時刻$2^m$では，区間の中では，対消滅が起こり，端の2点，即ち，$x = -2^m$，2^mだけしか残らない。つまり，$x = -2^m, 2^m$だけ「1」で，それ以外は「0」となる。そして，その各「1」のセルを出発点として，再び最初のパターーンが繰り返されるという，入れ子構造になっている。

　ここで，S_nで時刻nでの「1」の数の総和としよう。つまり，ある生物種の個体総数を表すと考えられる。記号で書くと，

$$S_n = \sum_{x=-n}^{n} \eta_n(x).$$

上記のことを，S_n を用いて表すと，以下のようになる。

$$S_{2^m-1} = 2^m, \quad S_{2^m} = 2 \quad (m = 1, 2, \ldots).$$

具体的に，例えば，

$$S_1 = 2^1, S_2 = 2, S_3 = 2^2, S_4 = 2, S_7 = 2^3, S_8 = 2, S_{15} = 2^4, S_{16} = 2.$$

以下で，S_n について少し考えよう。まず，$n = 0, 1, 2, 3$ に対して，S_n を求めると，定義から簡単に，

$$S_0 = 1, S_1 = 2, S_2 = 2, S_3 = 2^2, S_4 = 2$$

が得られる。

問題6.2.1　$n = 5, 6, 7, 8$ に対して，S_n を求めよ。

解答6.2.1

$$S_5 = 2^2, S_6 = 2^2, S_7 = 2^3, S_8 = 2.$$

問題6.2.2　$n = 9, 10, \ldots, 16$ に対して，S_n を求めよ。

解答6.2.2

$$S_9 = 2^2, S_{10} = 2^2, S_{11} = 2^3, S_{12} = 2^2, S_{13} = 2^3, S_{14} = 2^3, S_{15} = 2^4, S_{16} = 2.$$

このように，生物個体総数を表す S_n の時間発展は，時刻 $2^m - 1$ のとき，2^m というそれまでの最大値をとるものの，次の時刻 2^m では，生物の数が増えすぎたために食糧難となり一気に2

個体までに減少してしまう。そしてこれを繰り返す。したがって，任意の時刻 n で $S_n \geq 1$ となっていて，1個体から出発した場合には，ある時刻 n では絶滅，つまり，$S_n = 0$，とならないことが導かれる。

時刻 n	0	1	2	3	4	5	6	7	8	9	10	11	12	13	14	$\cdots$
S_n	1	2	2	4	2	4	4	8	2	4	4	8	4	8	8	$\cdots$

表 6.6

一方，本質的に同じであるが，時間発展のルールを，空間的に非対称（例えば，x の値が，前の時刻の x と $x+1$ の値で定まる）とする場合には，

場所	$\cdots$	x	$x+1$	$\cdots$
時刻 n	$\cdots$	$\eta_n(x)$	$\eta_n(x+1)$	$\cdots$
時刻 $n+1$	$\cdots$	$\eta_{n+1}(x)$	$\cdot$	$\cdots$

表 6.7

同様にして，$n = 0, 1, 2, \ldots$ かつ $x \in \mathbb{Z}$ に対して，$\eta_{n+1}(x)$ の値を，決定論的に，$\eta_n(x)$ と $\eta_n(x+1)$ の値によって以下のように定める。

$$\eta_{n+1}(x) = \eta_n(x) + \eta_n(x+1) \bmod 2.$$

以下，数学的な内容を考察するときには，非対称な上記の場合の方が，扱いやすいことが多いので，そちらを用いる。まず，言葉で粗く表現すると，以下のようになる。

(1)「00」あるいは「11」のときは，次の時刻で「0」となる。

(2)「01」あるいは「10」のときは，次の時刻で「1」となる。

このモデルは，「1」を生物が存在する状態とし，「0」が生物が存在しない状態と表すと，「00」の生物がいないときには，生物が生まれず，「01」や「10」の片方に生物がいる場合には，生物が生まれ，「11」のときは生物が多いので食糧難となり，どちらも消滅し，つまり「対消滅するので」，生物の簡単な時間発展をモデルとも解釈でき，1 次元ライフゲームとも呼ばれることがある。本書では，対消滅のところに着目し，対消滅モデルと呼ぶ。

6.3 ｜ 確率的対消滅モデル

この節では，前節で導入した「対消滅モデル」のルールを確率的にした，確率セルオートマトンを紹介する。対消滅モデルの粒子，あるいは，生物の生成過程を「確率的にした」，「ノイズを入れた」，「ランダムなエラーを入れた」のように種々の表現が可能である。本書では，節のタイトルのように「確率的対消滅モデル」と呼ぶ。

まず，対消滅モデルと同様に，時間発展のルールは，空間的

に対称(つまり，場所 x の値が，前の時刻の $x-1$ と $x+1$ の値で定まる)とする場合には，以下のように定義する。

場所	$\cdots$	$x-1$	x	$x+1$	$\cdots$
時刻 n	$\cdots$	$\eta_n(x-1)$	$\cdot$	$\eta_n(x+1)$	$\cdots$
時刻 $n+1$	$\cdots$	$\cdot$	$\eta_{n+1}(x)$	$\cdot$	$\cdots$

表 6.8

但し，$n=0,1,2,\ldots$ かつ $x \in \mathbb{Z}$ に対して，$\eta_{n+1}(x)$ の値を，確率的に，$\eta_n(x-1)$ と $\eta_n(x+1)$ の値によって以下のように定める。

$$\eta_{n+1}(x) = \begin{cases} \eta_n(x-1) + \eta_n(x+1) \bmod 2 & (\text{確率}\,p), \\ 0 & (\text{確率}\,1-p). \end{cases}$$

一方，本質的に同じであるが，時間発展のルールを，空間的に非対称とする場合には，

場所	$\cdots$	x	$x+1$	$\cdots$
時刻 n	$\cdots$	$\eta_n(x)$	$\eta_n(x+1)$	$\cdots$
時刻 $n+1$	$\cdots$	$\eta_{n+1}(x)$	$\cdot$	$\cdots$

表 6.9

同様にして，$n=0,1,2,\ldots$ かつ $x \in \mathbb{Z}$ に対して，$\eta_n+1(x)$ の値を，確率的に，$\eta_n(x)$ と $\eta_n(x+1)$ の値によって以下のように定める。

$$\eta_{n+1}(x) = \begin{cases} \eta_n(x) + \eta_n(x+1) \bmod 2 & (\text{確率}\,p), \\ 0 & (\text{確率}\,1-p). \end{cases}$$

以下，数学的な内容を考察するときには，非対称な上記の場合の方が，扱いやすいことが多いので，そちらを用いる。まず，言葉で粗く表現すると，以下のようになる。

(1)「00」あるいは「11」のときは，次の時刻で「1」になる確率は0。即ち，「00」のときは，次の時刻でいつでも「0」となる。

(2)「01」のときは，次の時刻で「1」になる確率はp。即ち，「01」のときは，次の時刻で「0」になる確率は$1-p$。

(3) 左右の対称性から，「10」のときも，次の時刻で「1」になる確率はp。即ち，「10」のときも，次の時刻で「0」になる確率は$1-p$である。

上記が「確率的対消滅モデル」の時間発展のルールであったが，「Domany-Kinzel モデル」とは，上のルールのうち，(1) の「11」の配置のときのルールを以下の(1')のように拡張したモデルである。但し，「00」の配置の場合は変えない。従って，「Domany-Kinzel モデル」のなかで，$q=0$ とした特別な場合が「確率的対消滅モデル」である。

(1')「11」のときは，次の時刻で「1」になる確率はq。即ち，

「11」のときは，次の時刻で「0」になる確率は $1-q$。

　繰り返しになるが，表を用いて，具体的な値を代入してルールを説明すると以下のようになる。

(1-a)「00」のときは，次の時刻で「1」になる確率は0。即ち，「00」のときは，次の時刻でいつでも「0」となる。

場所	$\cdots$	x	$x+1$	$\cdots$
時刻 n	$\cdots$	0	0	$\cdots$
時刻 $n+1$	$\cdots$	0	・	$\cdots$

表 6.10

(1-b)「11」のときは，次の時刻で「1」になる確率は0。即ち，「11」のときは，次の時刻でいつでも「0」となる。

場所	$\cdots$	x	$x+1$	$\cdots$
時刻 n	$\cdots$	1	1	$\cdots$
時刻 $n+1$	$\cdots$	0	・	$\cdots$

表 6.11

(2-a)「01」のときは，次の時刻で「1」になる確率は p となる。

場所	$\cdots$	x	$x+1$	$\cdots$
時刻 n	$\cdots$	0	1	$\cdots$
時刻 $n+1$	$\cdots$	1	$\cdot$	$\cdots$

表 6.12

(2-*b*)「01」のときは，次の時刻で「0」になる確率は $1-p$ と
なる。

場所	$\cdots$	x	$x+1$	$\cdots$
時刻 n	$\cdots$	0	1	$\cdots$
時刻 $n+1$	$\cdots$	0	$\cdot$	$\cdots$

表 6.13

(3-*a*)「10」のときは，次の時刻で「1」になる確率は p となる。

場所	$\cdots$	x	$x+1$	$\cdots$
時刻 n	$\cdots$	1	0	$\cdots$
時刻 $n+1$	$\cdots$	1	$\cdot$	$\cdots$

表 6.14

(3-*b*)「10」のときは，次の時刻で「0」になる確率は $1-p$ と
なる。

場所	$\cdots$	x	$x+1$	$\cdots$
時刻 n	$\cdots$	1	0	$\cdots$
時刻 $n+1$	$\cdots$	0	$\cdot$	$\cdots$

表 6.15

さらに重要なこととして，時刻 n において，場所 x ごとに，$\{\eta_n(x), \eta_n(x+1)\}$ のペアから，次の時刻 $n+1$ の場所 $\eta_{n+1}(x)$ の値が確率的に決まっていくが，各 x ごとに独立であるとする。

また，確率的対消滅モデルは，パラメータ $p \in [0,1]$ を与えるごとに決まることにも注意。

6.4 宮本問題とは

本節では，宮本問題を紹介する。前節で「確率的対消滅モデル」を説明したが，宮本問題を考えるとき，その初期配置 η_0 は，以下を考える。

$$\eta_0(x) = \begin{cases} 1 & (x=0), \\ 0 & (x \neq 0). \end{cases}$$

つまり，原点だけ「1」で，それ以外の点では「0」である。但し，整数格子点のうちのどこかに一つだけ「1」が存在してい

ればよいので，特にその点が「原点」である必要はないが，こ
こではそのようにしておく。

　ここで，確率的対消滅モデルの「時刻 n での生存確率」
$\theta_n(p)$ を以下で定義する。

$$\theta_n(p) = 1 - P\left(\text{任意の } x \in \mathbb{Z} \text{ に対して，} \eta_n(x) = 0\right).$$

即ち，$\theta_n(p)$ は，全ての場所 $x \in \mathbb{Z}$ の値が 0 の余事象の確率な
ので，言い換えれば，どこかの場所 $x \in \mathbb{Z}$ に 1 が存在する確
率である。

　あるいは，対消滅モデルのところで導入した，以下のよう
に，時刻 n での総個体数

$$S_n(p) = \sum_{x=-n}^{n} \eta_n(x)$$

を用いる。しばらく，パラメータ p の依存性を明確にするため
に，$S_n(p)$ と表す。これを使うと，

$$\theta_n(p) = P(S_n(p) \geq 1)$$

のように簡潔に書ける。以下，$p=0$ と $p=1$ の極端な場合につ
いて考えてみよう。

　まず，$p=0$ のときは，定義から

$$S_n(0) = \begin{cases} 1 & (n=0), \\ 0 & (n=1,2,\ldots) \end{cases}$$

がすぐに導かれる。故に，

$$\theta_n(0) = \begin{cases} 1 & (n=0), \\ 0 & (n=1, 2, \ldots) \end{cases}$$

が得られる。次に，$p=1$ の場合，

$$S_n(1) \geq 1 \quad (n=0, 1, 2, \ldots)$$

であることは，以前に調べた通りである。故に，

$$\theta_n(1) = 1 \quad (n=0, 1, 2, \ldots)$$

が導かれる。以上まとめると，

$$S_n(0) \leq S_n(1), \quad \theta_n(0) \leq \theta_n(1) \quad (n=0, 1, 2, \ldots)$$

が得られる。したがって，後述する宮本問題と関連する上記の2番目の不等式を書き下すと，次が得られる。

命題6.4.1 任意の時刻 $n=0, 1, 2, \ldots$ に対して，

$$\theta_n(0) \leq \theta_n(1).$$

いよいよ宮本問題を紹介しよう。前置きが長くなったが，この問題とは，上の命題を拡張したものとも思える。

宮本問題 任意の時刻 $n=0, 1, 2, \ldots$ に対して，$\theta_n(p)$ は p の単調増加関数であることを示せ。即ち，$0 \leq p_1 \leq p_2 \leq 1$ のとき，

$$\theta_n(p_1) \leq \theta_n(p_2). \tag{6.2}$$

もちろん，宮本問題で $p_1=0, p_2=1$ の極端でほぼ自明な場合が，命題6.4.1であり，そのとき，式(6.2)は成立している。

コンピュータ・シミュレーションでかなり大きなnまで，$\theta_n(p)$はpの単調増加関数であることが確かめられているので，上記の問題の示したい内容を「宮本予想」と呼ぶことにしよう。そうすると，「宮本問題」とは「「宮本予想」が正しいことを示せ」とも言い換えられる。実際に，宮本先生は，コンピュータ・シミュレーションで非常に大きな時刻nまで確かめられたわけではないと思うが，そのように予想されていた。

$n = 0, 1, 2$の場合に，宮本予想が正しいか，計算して確かめてみよう。

まず，$n = 0$の場合には，初期配置の定義から，全ての$p \in [0, 1]$に対して$\theta_0(p) = 1$となるので，単調増加性は明らかに成り立っている。

次に，$n = 1$の場合には，

$$\theta_1(p) = 1 - (1-p)^2$$

が導かれるので，この場合も単調増加であることは明らかである。

さらに，$n = 2$の場合には，

$$\theta_2(p) = (\theta_1(p))^2 = \{1 - (1-p)^2\}^2$$

を少し計算すると得られるので，この場合も単調増加であることが確かめられる。

このように$n = 0, 1, 2$の場合には，宮本予想の正しさを確認できるが，$n \geq 3$になると徐々に困難さが増してくる。たとえば，$n = 2$から予想される

$$\theta_n(p) = (\theta_1(p))^n$$

は，以下の問題のように，少なくとも $n=3$ の場合に成り立っていないことが確かめられる。

問題6.4.1 $\theta_n(p)$ $(n=1,2,3)$ を，$q=1-p$ を用いて求めよ。

解答6.4.1

$$\theta_1(p) = (1-q)(1+q) = 1-q^2,$$
$$\theta_2(p) = (1-q)^2(1+q)^2 = (1-q^2)^2 = 1-2q^2+q^4,$$
$$\theta_3(p) = (1-q)^3(1+q)(1+2q+2q^2-2q^3+q^4)$$
$$= 1-2q^2-4q^3+8q^4-6q^6+4q^7-q^8.$$

上の問題のように，$\theta_n(p)$ は $q=1-p$ を用いた方が簡便に表現できるようだ。

宮本問題にまた戻ろう。この問題の興味深さは以下のような理由による。確率的対消滅モデルでは，「ローカルに1が多いほど，1は多くなる」という状況が必ずしも正しくはない。というのは，「11」のときはいつも次の時刻で「0」になってしまうからだ。したがって，このモデルでは，「ローカルに1が多いほど，必ずしも1は多くなるわけではない」。即ち，p を0から1に増やしていき，「01」あるいは「10」のときに「1」が増えやすくしても，「11」になると「1」が減る効果も強くなるので，結局「1」が増える効果と減る効果の2つの相反する効

果が共存していることが分かる。このような相反するローカルなルールにもかかわらず，どこかに生物(あるいは，粒子)が存在するというグローバルな性質である生存確率$\theta_n(p)$ に着目すると，p の単調増加性が成立していることを，直感的に理解できないところが宮本問題の大変興味深い点だ。しかもどんな時刻n でもその単調性が成立してそうであることは，不思議といえば不思議である。

　さて，確率p を固定して，時刻n を無限大にしたらどうなるのであろうか。時刻n に関しては，いったんすべての点で「0」になると，それ以降の時刻でもすべての点で「0」になるので，時刻n での生存確率$\theta_n(p)$ は，n に関して単調減少である。もちろん$\theta_n(p)$ は確率であるので，$\theta_n(p) \in [0, 1]$ となり，n を無限大したときに極限が存在する[2]。その値を$\theta_\infty(p)$ とおき，単に「**生存確率**」と呼ぼう。このとき，確率的対消滅モデルの定義から以下のことが導かれる。

$$\theta_\infty(0) = 0, \quad \theta_\infty(1) = 1.$$

この「生存確率」$\theta_\infty(p)$ の全ての$p \in [0, 1]$ に関する厳密な形は知られていない。しかし，コンピュータ・シミュレーションにより，$\theta_\infty(p)$ の概形は図6.1 のようになっていると考えられている．つまり，$p(\in [0, 1])$ に関して，ある値[3]まで0で，そ

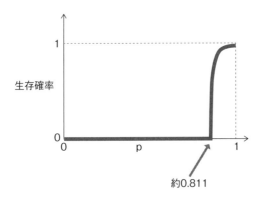

図 6.1　生存確率のグラフ

の後は，単調増加関数になっているのである。この「ある値」
のことは「臨界確率」と呼ばれる。

　このようにローカルなルールからは，ある種予想もつかない
グローバルな性質が現れる性質は「創発性」とも呼ばれる。こ
の性質は，生物現象，経済現象，社会現象などをモデル化する
学問分野，複雑系，社会物理学，複雑ネットワーク，ネットワ
ーク科学などの興味深い特徴の一つとして数えられているもの
だ。それ故，確率的対消滅モデルという簡単な確率モデルに，
そのエッセンスを垣間見ることができるという点でも，非常に
重要なモデルである。このような，ローカルな性質とグローバ
ルの性質との関係に起因する謎を解明するという試み周辺に，
真の意味での新しい学問が誕生する兆候を感ぜずにはいられな
い。

6.5 | 確率的対消滅モデルの保存量

　いままでは，パラメータ p に関して単調増加するような，単調に変化する量を考察してきた。本節では，パラメータに関して変化しない量について，考えてみよう。

　一般に，時刻 n によらない量は「保存量」あるいは「不変量」のように呼ばれ，そのモデルの性質や構造を調べるうえで重要な役割を担うことがある。しかし，自明でない保存量を見つける一般的な方法は無いので，筋の良い保存量を見つけるだけでも一仕事になり得る。

　さて，確率的対消滅モデルの場合の保存量はどうであろうか。実は，その保存量の一つに以下の量がある。

$$E\left(\left(1 - \frac{2}{p}\right)^{S_n}\right) \quad (0 < p \le 1, n \ge 1).$$

ここで，S_n は時刻 n での「1」の数である。前節では $S_n(p)$ と表したが，これ以降簡単のため S_n とする。上記の量は，1 以上の時刻 n，即ち，$n = 1, 2, 3, \ldots$ に対して，いつも「1」の値をとる。つまり，

$$E\left(\left(1-\frac{2}{p}\right)^{S_n}\right)=1 \quad (0<p\le 1, n\ge 1). \qquad (6.3)$$

証明は確率的対消滅モデルの双対性を用いるが，少なからず準備がいるので割愛する．詳しくは，今野[28] の第8章の問題8.4.2 を参照して欲しい。この保存量から宮本問題に対してどのような有益な情報が得られるかについては，現段階では謎である。

問題6.5.1 S_1 の分布を求めよ。

解答6.5.1 定義から，以下が得られる。

$$P(S_1=k)=\begin{cases} (1-p)^2 & (k=0), \\ 2p(1-p) & (k=1), \\ p_2 & (k=2). \end{cases} \qquad (6.4)$$

問題6.5.2 式(6.3) を $n=1$ の場合に確かめよ。即ち，

$$E\left(\left(1-\frac{2}{p}\right)^{S_1}\right)=1 \quad (0<p\le 1).$$

解答6.5.2 式(6.4) を用いると，

$$E\left(\left(1-\frac{2}{p}\right)^{S_1}\right)=\sum_{k=0}^{2}\left(1-\frac{2}{p}\right)^{S_1}\times P(S_1=k)$$

$$= 1 \times (1-p)^2 + \left(1 - \frac{2}{p}\right)^1 \times 2p(1-p) + \left(1 - \frac{2}{p}\right)^2 \times p^2$$

$$= (1-p)^2 + 2(p-2)(1-p) + (p-2)^2 = \{(1-p) + (p-2)\}^2 = 1.$$

問題6.5.3　S_2 の分布を求めよ。

解答6.5.3　定義から，以下が得られる。但し，表現はもちろん一意的ではない。

$$P(S_2 = k) = \begin{cases} (1-p)^2 + 2p(1-p)^3 + p^2(1-p)^2 & (k=0), \\ 4p^2(1-p)^2 + 2p^3(1-p) & (k=1), \\ 2p^3(1-p) + p^4 & (k=2). \end{cases} \quad (6.5)$$

問題6.5.4　式(6.3) を $n=2$ の場合に確かめよ。即ち，

$$E\left(\left(1 - \frac{2}{p}\right)^{S_2}\right) = 1 \quad (0 < p \le 1).$$

解答6.5.4　式(6.5) を用いると，途中の計算は省略するが，解答6.5.2 と同様にして，以下が導かれる。

$$E\left(\left(1 - \frac{2}{p}\right)^{S_2}\right) = \sum_{k=0}^{2}\left(1 - \frac{2}{p}\right)^{S_2} \times P(S_2 = k) = 1.$$

6.6 | 確率的境界生成消滅モデル

前節と前々節では，「確率的対消滅モデル」について扱ったが，本節以後は，それに関連して時刻 n での生存確率 $\theta_n(p)$ が具体的に求められる確率セルオートマトンである「確率的境界生成消滅モデル」を紹介する。「確率的対消滅モデル」と同様に，時間発展のルールは，空間的に対称（つまり，場所 x の値が，前の時刻の $x-1$ と $x+1$ の値で定まる）とする場合には，以下のように定義する。

場所	$\cdots$	$x-1$	x	$x+1$	$\cdots$
時刻 n	$\cdots$	$\eta_n(x-1)$	$\cdot$	$\eta_n(x+1)$	$\cdots$
時刻 $n+1$	$\cdots$	$\cdot$	$\eta_{n+1}(x)$	$\cdot$	$\cdots$

表 6.16

但し，$n=0,1,2,\ldots$ かつ $x \in \mathbb{Z}$ に対して，$\eta_{n+1}(x)$ の値を，確率的に，$\eta_n(x-1)$ と $\eta_n(x+1)$ の値によって以下のように定める。

$$\eta_{n+1}(x) = \begin{cases} \max\{\eta_n(x-1), \eta_n(x+1)\} & (\text{確率} \, p), \\ \min\{\eta_n(x-1), \eta_n(x+1)\} & (\text{確率} \, 1-p). \end{cases}$$

一方，本質的に同じであるが，時間発展のルールを，空間的に非対称とする場合には，

場所	$\cdots$	x	$x+1$	$\cdots$
時刻 n	$\cdots$	$\eta_n(x)$	$\eta_n(x+1)$	$\cdots$
時刻 $n+1$	$\cdots$	$\eta_{n+1}(x)$	$\cdot$	$\cdots$

表 6.17

同様にして，$n = 0, 1, 2, \ldots$ かつ $x \in \mathbb{Z}$ に対して，$\eta_{n+1}(x)$ の値を，確率的に，$\eta_n(x)$ と $\eta_n(x+1)$ の値によって以下のように定める。

$$\eta_{n+1}(x) = \begin{cases} \max\{\eta_n(x), \eta_n(x+1)\} & (\text{確率}\, p), \\ \min\{\eta_n(x), \eta_n(x+1)\} & (\text{確率}\, 1-p). \end{cases}$$

以下，数学的な内容を考察するときには，非対称な上記の場合の方が，扱いやすいことが多いので，そちらを用いる。まず，言葉で粗く表現すると，以下のようになる。

(1)「00」のときは，次の時刻で「1」になる確率は 0。即ち，「00」のときは，次の時刻でいつでも「0」となる。

(2)「01」のときは，次の時刻で「1」になる確率は p。即ち，「01」のときは，次の時刻で「0」になる確率は $1-p$。

(3) 左右の対称性から，「10」のときも，次の時刻で「1」になる確率は p。即ち，「10」のときも，次の時刻で「0」になる確率は $1-p$ である。

(4)「11」のときは，次の時刻で「1」になる確率は 1。即ち，

「11」のときは，次の時刻でいつでも「1」となる。

　上記が「確率的境界生成消滅モデル」の時間発展のルールで
あったが，「Domany-Kinzelモデル」とは，上のルールのう
ち，(4)の「11」の配置のときのルールを以下のように拡張し
たモデルである。従って，「Domany-Kinzelモデル」のなか
で，$q = 1$ とした特別な場合が「確率的境界生成消滅モデル」
である。尚，宮本問題の「確率的対消滅モデル」は$q = 0$の場
合であった。

(1') 「11」のときは，次の時刻で「1」になる確率はq。即ち，
「11」のときは，次の時刻で「0」になる確率は$1 - q$。

　繰り返しになるが，表を用いて，具体的な値を代入してルー
ルを説明すると以下のようになる。

(1-a) 「00」のときは，次の時刻で「1」になる確率は0。即ち，
「00」のときは，次の時刻でいつでも「0」となる。

場所	$\cdots$	x	$x+1$	$\cdots$
時刻n	$\cdots$	0	0	$\cdots$
時刻$n+1$	$\cdots$	0	・	$\cdots$

表6.18

(1-b) 「11」のときは，次の時刻で「1」になる確率は1。即ち，
「11」のときは，次の時刻でいつでも「1」となる。

場所	$\cdots$	x	$x+1$	$\cdots$
時刻 n	$\cdots$	1	1	$\cdots$
時刻 $n+1$	$\cdots$	1	$\cdot$	$\cdots$

表 6.19

(2-a)「01」のときは，次の時刻で「1」になる確率は p となる。

場所	$\cdots$	x	$x+1$	$\cdots$
時刻 n	$\cdots$	0	1	$\cdots$
時刻 $n+1$	$\cdots$	1	$\cdot$	$\cdots$

表 6.20

(2-b)「01」のときは，次の時刻で「0」になる確率は $1-p$ となる。

場所	$\cdots$	x	$x+1$	$\cdots$
時刻 n	$\cdots$	0	1	$\cdots$
時刻 $n+1$	$\cdots$	0	$\cdot$	$\cdots$

表 6.21

(3-a)「10」のときは，次の時刻で「1」になる確率は p となる。

場所	$\cdots$	x	$x+1$	$\cdots$
時刻 n	$\cdots$	1	0	$\cdots$
時刻 $n+1$	$\cdots$	1	$\cdot$	$\cdots$

表 6.22

(3-b)「10」のときは，次の時刻で「0」になる確率は $1-p$ となる。

場所	$\cdots$	x	$x+1$	$\cdots$
時刻 n	$\cdots$	1	0	$\cdots$
時刻 $n+1$	$\cdots$	0	$\cdot$	$\cdots$

表 6.23

さらに重要なこととして，時刻 n において，場所 x ごとに，$\{\eta_n(x), \eta_n(x+1)\}$ のペアから，次の時刻 $n+1$ の場所 $\eta_{n+1}(x)$ の値が確率的に決まっていくが，各 x ごとに独立であるとする。

また，確率的境界生成消滅モデルは，パラメータ $p \in [0,1]$ を与えるごとに決まることにも注意。

あと，モデルの名前の由来であるが，粗くルールを眺めると分かるように，「0→1」（生成）と「1→0」（消滅）の変化が「0」と「1」のかたまり（クラスター）の境界でしか起こらないことによる。

6.7 | 生存確率の計算

前節で「確率的境界生成消滅モデル」を説明したが，確率的対消滅モデルと同様に，初期配置 η_0 は以下を考える。

$$\eta_0(x) = \begin{cases} 1 & (x=0), \\ 0 & (x \neq 0). \end{cases}$$

つまり，原点だけ「1」で，それ以外の点では「0」である。ここで，確率的境界生成消滅モデルの「時刻 n での生存確率」$\theta_n(p)$ を以下で定義する。

$$\theta_n(p) = 1 - P\left(\,\eta_n(x) = 0 \ (x \in \mathbb{Z})\,\right).$$

即ち，$\theta_n(p)$ は，全ての場所の値が 0 の余事象の確率なので，言い換えれば，どこかの場所に 1 が存在する確率である。

あるいは，以下のように，時刻 n での総個体数

$$S_n(p) = \sum_{x=-n}^{n} \eta_n(x)$$

を用いると，

$$\theta_n(p) = P(S_n(p) \geq 1)$$

と簡潔に書ける。以下，$p=0$ と $p=1$ の極端な場合について考えてみよう。

まず，$p=0$ のときは，定義から

$$S_n(0) = \begin{cases} 1 & (n=0), \\ 0 & (n=1, 2, \ldots) \end{cases}$$

がすぐに導かれる。故に,

$$\theta_n(0) = \begin{cases} 1 & (n=0), \\ 0 & (n=1, 2, \ldots) \end{cases}$$

が得られる。次に, $p=1$ の場合,

$$S_n(1) \geq 1 \ (n=0, 1, 2, \ldots)$$

であることは, 以前に調べた通りである。故に,

$$\theta_n(1) = 1 \ (n=0, 1, 2, \ldots)$$

が導かれる。以上まとめると,

$$S_n(0) \leq S_n(1), \quad \theta_n(0) \leq \theta_n(1) \quad (n=0, 1, 2, \ldots)$$

が得られる。したがって, 次が得られる。

命題6.7.1 任意の時刻 $n=0, 1, 2, \ldots$ に対して,

$$\theta_n(0) \leq \theta_n(1).$$

このモデルの宮本問題に対応する問題は上の命題を拡張した以下の問題になる。

宮本問題(確率的境界生成消滅モデルの場合)

任意の時刻 $n=0, 1, 2, \ldots$ に対して, $\theta_n(p)$ は p の単調増加関数であることを示せ。即ち, $0 \leq p_1 \leq p_2 \leq 1$ のとき,

$$\theta_n(p_1) \leq \theta_n(p_2). \tag{6.6}$$

もちろん，$p_1 = 0, p_2 = 1$ の極端でほぼ自明な場合が，命題6.7.1であり，そのとき，式(6.6) は成立している。ここが重要な点であるが，このモデルの場合には，定義から明らかに成り立つことが分かる。つまり，

命題6.7.2 任意の時刻 $n = 0, 1, 2, \ldots$ に対して，$\theta_n(p)$ は p の単調増加関数である。即ち，$0 \leq p_1 \leq p_2 \leq 1$ のとき，

$$\theta_n(p_1) \leq \theta_n(p_2).$$

実は，確率的境界生成消滅モデルの場合には，生存確率に関して以下のことが成立することが証明できる。

定理6.7.3 確率的境界生成消滅モデルにおいて，$q = 1 - p \in (0, 1)$ とする。

(1)

$$\theta_n(q) - \theta_{n+1}(q) = C_{n+1} q^{n+2} (1-q)^n \quad (n = 0, 1, 2, \ldots).$$

但し，C_n はカタラン数で，

$$C_n = \frac{1}{n+1} \binom{2n}{n} \quad (n = 0, 1, 2, \ldots).$$

具体的には，$C_0 = C_1 = 1, C_2 = 2, , C_3 = 5, C_4 = 14, \ldots$

(2)

$$\theta_n(q) = 1 - \sum_{k=1}^{n} C_k q^{k+1} (1-q)^{k-1} \quad (n = 1, 2, \ldots).$$

(3)

$$\theta_\infty(q) = \lim_{n\to\infty} \theta_n(q) = \begin{cases} \dfrac{1-2q}{(1-q)^2} & \left(0 < q \le \dfrac{1}{2}\right), \\[2mm] 0 & \left(\dfrac{1}{2} \le q < 1\right). \end{cases}$$

以下，上記定理の証明とその周辺について粗く説明しよう[4]。まず，確率的境界生成消滅モデルの時刻 n での生存確率を求めてみよう。但し，$q = 1 - p \in [0, 1]$ とおいて，q の関数として考える。

まず，$n = 0$ の場合には，初期配置の定義から，全ての $q \in [0, 1]$ に対して $\theta_0(q) = 1$ となるので，単調増加性は明らかに成り立っている。

次に，$n = 1$ の場合には，

$$\theta_1(q) = 1 - q^2$$

が導かれるので，この場合も単調減少であることは明らかである。

さらに，$n = 2$ の場合には，

$$\theta_2(q) = 1 - q^2 - 2q^3 + 2q^4$$

が少し計算すると得られる。この場合も単調減少であることが確かめられる。

同様にして，徐々に煩雑になるが，

$$\theta_3(q) = 1 - q^2 - 2q^3 - 3q^4 + 10q^4 - 5q^6,$$

---

*4 このモデルは，二分木の上の浸透過程（パーコレーション）ともみなせる。例えば，竹居 (2020)[48] の第4章を参照のこと。

$$\theta_4(q) = 1 - q^2 - 2q^3 - 3q^4 - 4q^5 + 37q^6 - 42q^7 + 14q^8$$

が得られる。そして，グラフを描くなどして，単調減少なこと
が確かめられる。

このように $n = 0, 1, 2, 3,$ の場合には，単調減少性を確認でき
るが，実際定義から「ローカルに 1 が多いほど，1 は多くなる」
ので，単調性は明らかであり，むしろ具体的な形から証明する
のが困難なことが奇妙な感じである。さらに，$\theta_n(q)$ の単調減
少性が任意の時刻 n で成立することは，モデルの定義から同様
に明らかである。一方，$\theta_n(q)$ の具体的な多項式表示は，上記
の定理 6.7.3 の (1) を用いて (2) で与えられることが分かる。

問題6.7.1　　上記の $\theta_n(q)$ $(n = 1, 2, 3)$ の結果を確かめよ。

さて，確率 q を固定して，時刻 n を無限大にしたらどうなる
のであろうか。時刻 n に関しては，いったんすべての点で「0」
になると，それ以降の時刻でもすべての点で「0」になるの
で，時刻 n での生存確率 $\theta_n(q)$ は，n に関して単調減少であ
る。もちろん $\theta_n(q)$ は確率であるので，$\theta_n(q) \in [0, 1]$ となり，
n を無限大したときに極限が存在する。その値を $\theta_\infty(q)$ とお
き，単に「生存確率」と呼ぼう。このとき，モデルの定義から
以下のことが導かれる。

$$\theta_\infty(0) = 1, \quad \theta_\infty(1) = 0.$$

この「生存確率」$\theta_\infty(q)$ の全ての $q \in [0, 1]$ に関する厳密な形は、上述の定理 6.7.3 (3) のように知られている。実際、定理 6.7.3 (2) を仮定すると導かれる。まず、(2) より、

$$\theta_n(q) = 1 - \sum_{k=1}^{n} C_k q^{k+1} (1-q)^{k-1}$$

$$= 1 - \frac{q}{1-q} \sum_{k=1}^{n} C_k \{q(1-q)\}^k$$

$$= \frac{1}{1-q} - \frac{q}{1-q} \sum_{k=0}^{n} C_k \{q(1-q)\}^k$$

に注意する。そして、$n \to \infty$ とすると、

$$\theta_\infty(q) = \lim_{n \to \infty} \theta_n(q)$$

$$= \frac{1}{1-q} - \frac{q}{1-q} \sum_{k=0}^{\infty} C_k \{q(1-q)\}^k$$

$$= \frac{1}{1-q} - \frac{q}{1-q} \frac{1 - \sqrt{1 - 4q(1-q)}}{2q(1-q)}$$

$$= \frac{1}{1-q} - \frac{1 - |1 - 2q|}{2(1-q)^2}$$

$$= \begin{cases} \dfrac{1-2q}{(1-q)^2} & \left(0 < q \le \dfrac{1}{2}\right) \\ 0 & \left(\dfrac{1}{2} \le q < 1\right) \end{cases}$$

が得られる。ここで，以下のカタラン数の母関数

$$\sum_{n=0}^{\infty} C_n x^n = \frac{1 - \sqrt{1-4x}}{2x}$$

を用いた。尚，生存確率 $\theta_\infty(p)$ （ここでは，$p = 1-q$ とする）の
グラフは，先の確率的対消滅モデルのグラフ（図6.1）と似たよ
うになる。但し，臨界確率 $p(=q) = 1/2$ まで0で、その後は単
調増加関数である。

6.8 | 確率的境界生成消滅モデルの保存量

最後の節では，確率的対消滅モデルと同様に，確率的境界生
成消滅モデルの保存量について考えよう。実は，その保存量の
一つに以下の量がある。

$$E\left(\left(\frac{q}{1-q}\right)^{2(S_n-1)}\right) \quad (0 \le q < 1, n \ge 1).$$

ここで，S_n は時刻 n での「1」の数である。上記の量は，1以
上の時刻 n，即ち，$n = 1, 2, 3, \ldots$ に対して，いつも「1」の値
をとる。つまり，

$$E\left(\left(\frac{q}{1-q}\right)^{2(S_n-1)}\right) = 1 \quad (0 \le q < 1, n \ge 1). \quad (6.7)$$

証明は確率的境界生成消滅モデルの双対性を用いるが,少なからず準備がいるので割愛する.詳しくは,今野[28]の第6章を参照して欲しい.以下の問題で,上の命題6.8.1が $n=1,2$ の場合に正しいことを確かめる.

問題6.8.1 S_1 の分布を求めよ.

解答6.8.1 定義から,以下が得られる.

$$P(S_1 = k) = \begin{cases} q^2 & (k=0), \\ 2q(1-q) & (k=1), \\ (1-q)^2 & (k=2). \end{cases} \quad (6.8)$$

問題6.8.2 式 (6.7) を $n=1$ の場合に確かめよ.即ち,

$$E\left(\left(\frac{q}{1-q}\right)^{2(S_1-1)}\right) = 1 \quad (0 \le q < 1).$$

解答6.8.2 式 (6.8) を用いると,

$$E\left(\left(\frac{q}{1-q}\right)^{2(S_1-1)}\right) = \sum_{k=0}^{2} \left(\frac{q}{1-q}\right)^{2(S_1-1)} \times P(S_1 = k)$$

$$= \left(\frac{q}{1-q}\right)^{-2} \times q^2 + 1 \times 2q(1-q) + \left(\frac{q}{1-q}\right)^2 \times (1-q)^2$$

$$= (1-q)^2 + 2q(1-q) + q^2 = 1.$$

問題6.8.3　S_2 の分布を求めよ。

解答6.8.3　定義から，以下が得られる。但し，表現はもちろん一意的ではない。

$$P(S_2 = k) = \begin{cases} q^2 + 2q^3(1-q) & (k=0), \\ 5q^2(1-q)^2 & (k=1), \\ 4q(1-q)^3 & (k=2), \\ (1-q)^4 & (k=3). \end{cases} \tag{6.9}$$

問題6.8.4　式 (6.7) を $n=2$ の場合に確かめよ。即ち，

$$E\left(\left(\frac{q}{1-q}\right)^{2(S_2-1)}\right) = 1 \quad (0 \le q < 1).$$

解答6.8.4　式 (6.9) を用いると，途中の計算は省略するが，解答6.8.2 と同様にして，以下が導かれる。

$$E\left(\left(\frac{q}{1-q}\right)^{2(S_2-1)}\right) = \sum_{k=0}^{3} \left(\frac{q}{1-q}\right)^{2(S_2-1)} \times P(N_2 = k) = 1.$$

カタラン数は色々なところに現れる

　本章で登場した**カタラン数**は，様々な状況で顔を出す[1]。例えば，Domany-Kinzel モデルの特別な場合である「方向性のあるボンドパーコレーション」でも登場する[2]。このモデルは，各ボンドがオープンである（水を浸透させる）確率をp，クローズド（水を浸透させない）確率を$1-p$とおく。レベルnまで浸透する確率（実は，生存確率と同値）を$P(n)$とおくと，そのpで表される式は，nが大きくなると非常に煩雑となる。しかし，$P(n)$そのものではなく，その差である，$Q(n+1) = P(n) - P(n+1)$ を計算し，$x = 1-p$で表すと「カタラン数」が現れる。実際，$P(0) = 1$とし，$Q(1), Q(2), Q(3), \ldots$ を順次計算すると以下のようになる。

$$Q(1) = P(0) - P(1) = x^2,$$
$$Q(2) = P(1) - P(2) = 2x^3 - x^4 + \cdots,$$
$$Q(3) = P(2) - P(3) = 5x^4 - 4x^5 + \cdots,$$
$$Q(4) = P(3) - P(4) = 14x^5 - 14x^6 + \cdots,$$
$$Q(5) = P(4) - P(5) = 42x^6 - 48x^7 + \cdots,$$
$$\cdots$$

---

[1]　カタラン数だけを扱った本，Stanley (2015)［47］が出版されている。
[2]　Domany-Kinzel モデルのパラメータ $p, q \in [0,1]$ に対応して，$q = 1 - (1-p)^2$ の場合に対応する。

ここで，右辺の一番最初に出てくる x の次数の一番小さな
係数に着目すると，順番に

$$1, 2, 5, 14, 42, \ldots$$

であることが分かる。この数列こそまさにカタラン数

$$C_n = \frac{1}{n+1} \binom{2n}{n} \quad (n = 1, 2, 3, \ldots)$$

である。つまり，$C_1 = 1$, $C_2 = 2$, $C_3 = 5$, $C_4 = 14$, $C_5 = 42$, …
…。この事実は，Bousquet–Melou（1996）[7] によって証明さ
れた。また，$P(n)$ の各レベル n での係数に関しては，
Katori and Inui（1997）[26] により詳しく研究されている。こ
の周辺の話題については，例えば，乾（2002）[20]，最近で
は，玉井・佐野（2019）[49] の解説を参照して頂きたい。

参 考 文 献

[1] Adler, S. R. : Quaternionic Quantum Mechanics s and Quantum Fields. Oxford University Press (1995)

[2] Aigner, M., Ziegler, G. M. : Proofs from THE BOOK. Springer, sixth edition (2018)

[3] Andrews, G. E., Askey, R., Roy, R. : Special Functions. Cambridge University Press (1999)

[4] Au-Yeung, Y. H. : On the convexity of numerical range in quaternionic Hilbert spaces.Linear and Multilinear Algebra. 16, 93–100 (1984)

[5] Beukers, F. : A note on the irrationality of $\zeta(2)$ and $\zeta(3)$. Bull. London Math. Soc., **11**, 268–272 (1979)

[6] Borwein, D., Borwein, J. M. : Some remarkable properties of sinc and related integrals. The Ramanujan Journal, **5**, 73–89 (2001)

[7] Bousquet–Melou, M. : Percolation models and animals. Europ. J. Combin., **17**, 343–369 (1996)

[8] Brenner, J. L. : Matrices of quaternions. Pacific J. Math. 1, 329–335 (1951)

[9] Bruschi, M. : Two cellular automata for the $3x+1$ map. arXiv : nlin/0502061v1 (2005)

[10] J. H. コンウェイ, D. H. スミス(山田修司訳)『四元数と八元数幾何, 算術, そして対称性』培風館(2006)

[11] W. ダンハム(黒川信重, 若山正人, 百々谷哲也訳)『オイラー入門』丸善出版(2012)

[12] Eilenberg, S., Niven, I. : The "fundamental theorem of algebra" for quaternions. Bull. Amer. Math. Soc., **50**, 246–248 (1944)

[13] D. フックス，S. タバチニコフ(蟹江幸博訳)『ラマヌジャンの遺した関数』岩波書店(2012)

[14] Gluck, D., Taylor, B.：A new statistic for the $3x+1$ problem. Proceedings of the American Mathematical Society, **130**, 1293–1301 (2001)

[15] Huang, L., So, W.：Quadratic formulas for quaternions, Applied Mathematics Letters, **15**, 533–540 (2002).

[16] 堀源一郎『ハミルトンと四元数』海鳴社(2007)

[17] 市川伸一『考えることの科学』中公新書(1997)

[18] 市川伸一『確率の理解を探る：3囚人問題とその周辺』共立出版(1998)

[19] 市川伸一，下條信輔，3囚人問題研究の展開と意義をふり返って. 認知心理学研究, **7**, No.2, 137–145 (2010)

[20] 乾徳夫，方向性のあるパーコレーション問題における組合せ問題. 応用数理, **12**, 191–200 (2002)

[21] Jia, Z., Cheng, X., Zhao, M.：A new method for roots of monic quaternionic quadratic polynomial. Computers and Mathematics with Applications, **58**, 1852–1858 (2009)

[22] Jones, J., Sato, D., Wada, H., Wiens, D.：Diophantine representation of the set of prime numbers. The American Mathematical Monthly, **83**, 449–464 (1976)

[23] 金谷一朗『3D-CG プログラマーのためのクォータニオン入門』工学社(2004)

[24] 金谷一朗『3D-CG プログラマーのための実践クォータニオン』工学社(2004)

[25] 金谷健一『幾何学と代数系 ハミルトン，グラスマン，クリフォード』森北出版(2014)

[26] Katori, M., Inui, N.：Ballot number representation of the percolation probability series for the directed square lattice. J. Phys. A：Math. Gen., **30**, 2975–2994（1997）

[27] 加藤文元『宇宙と宇宙をつなぐ数学 IUT 理論の衝撃』KADOKAWA（2019）

[28] 今野紀雄『無限粒子系の科学』講談社（2008）

[29] 今野紀雄『四元数』森北出版（2016）

[30] 今野紀雄『数はふしぎ』SB クリエイティブ（2018）

[31] 今野紀雄『統計学』SB クリエイティブ（2019）

[32] 今野紀雄，井手勇介，瀬川悦生，竹居正登，大塚一路『横浜発 確率・統計入門』産業図書（2014）

[33] Kontorovich, Alex V., Sinai, Yakov G.：Structure theorem for (d, g, h)–maps. Bulletin of the Brazilian Mathematical Society, **33**, 213–224（2002）

[34] 熊谷隆『確率論』共立出版（2003）

[35] 黒川信重『オイラー探検』丸善出版（2012）

[36] Lagarias, J. C.（Editor）：The Ultimate Challenge：The $3x+1$ Problem. American Mathematical Society（2010）

[37] Lima, F. M. S.：Beukers–like proofs of irrationality for $\zeta(2)$ and $\zeta(3)$. arXiv：1308.2720（2013）

[38] 松岡学『数の世界 自然数から実数、複素数、そして四元数へ』講談社ブルーバックス（2020）

[39] Matsuoka, Y.：An elementary proof of the formula $\sum_{k=1}^{\infty} 1/k^2 = \pi^2/6$. The American Mathematical Monthly, **68**, 485–487（1961）

[40] 宮本宗実『統計力学 数学からの入門』日本評論社（2004）

[41] ヴィッキー・ニール（千葉敏生訳）『素数の未解決問題がもうすぐ解けるかもしれない』岩波書店（2018）

[42] Nielsen, P. P.：Odd perfect numbers have at least nine distict prime factors. Math. Comp., **76**, 2109–2126 (2007)

[43] Ochem, P., Rao, M.：Odd perfect numbers are greater than 10^{1500}. Math. Comp., **81**, 1869–1877 (2012)

[44] Owings, J.：$\sum \frac{1}{p}$ diverges. The American Mathematical Monthly, **117**, 231 (2010)

[45] ジェフリー・S・ローゼンタール（中村美作監修，柴田裕之訳）『運は数学にまかせなさい』早川書房（2007）

[46] ジェイソン・ローゼンハウス（松浦俊介訳）『モンティ・ホール問題』青土社（2013）

[47] Stanley, R. P.：Catalan Numbers. Cambridge University Press (2015)

[48] 竹居正登『入門 確率過程』森北出版（2020）

[49] 玉井敬一, 佐野雅己, 有向パーコレーションと乱流遷移. 応用数理, **29**, 10–17 (2019)

[50] 矢野忠『四元数の発見』海鳴社（2014）

[51] 和田秀男『数の世界 – 整数論への道』岩波書店（1981）

[52] Zhang, F.：Quaternions and matrices of quaternions. Linear Algebra Appl., **251**, 21–57 (1997)

索 引

ハイフンで示したページは，その用語の説明も含んでいることを表す

数学への招待シリーズ

未解決問題から楽しむ数学
～$3x+1$問題，完全数などを例に～

2020年11月13日　初版　第1刷発行

著　者　今野 紀雄・成松 明廣
発行者　片岡 巌
発行所　株式会社技術評論社
　　　　東京都新宿区市谷左内町21-13
　　　　電話　03-3513-6150　販売促進部
　　　　　　　03-3267-2270　書籍編集部
印刷・製本　昭和情報プロセス株式会社

装　丁　中村友和（ROVARIS）
本文デザイン・DTP　株式会社 森の印刷屋

本書の一部，または全部を著作権法の定める範囲を超え，無断で複写，複製，転載，テープ化，ファイルに落とすことを禁じます。
©2020 今野紀雄・成松明廣

造本には細心の注意を払っておりますが，万が一，乱丁（ページの乱れ）や落丁（ページの抜け）がございましたら，小社販売促進部までお送りください。送料小社負担にてお取り替えいたします。

定価はカバーに表示してあります。
ISBN978-4-297-11667-5　C3041
Printed in japan

本書に関する最新情報は，技術評論社ホームページ（https://gihyo.jp/）をご覧ください。
本書へのご意見，ご感想は，以下の宛先へ書面にてお受けしております。
電話でのお問い合わせにはお答えいたしかねますので，あらかじめご了承ください。
〒162-0846
東京都新宿区市谷左内町21-13
株式会社技術評論社 書籍編集部
「未解決問題から楽しむ数学」
FAX：03-3267-2271